# 美丽乡村之
## 农业文化

罗 凯 著

中国农业出版社

北 京

**图书在版编目（CIP）数据**

美丽乡村之农业文化 / 罗凯著. -- 北京 ：中国农业出版社，2025. 4. -- ISBN 978-7-109-32990-4

Ⅰ. S

中国国家版本馆 CIP 数据核字第 2025JV8871 号

美丽乡村之农业文化
MEILI XIANGCUN ZHI NONGYE WENHUA

---

中国农业出版社出版

地址：北京市朝阳区麦子店街 18 号楼

邮编：100125

责任编辑：赵　刚　　文字编辑：张潇逸

版式设计：王　晨　　责任校对：吴丽婷

印刷：中农印务有限公司

版次：2025 年 4 月第 1 版

印次：2025 年 4 月北京第 1 次印刷

发行：新华书店北京发行所

开本：880mm×1230mm　1/32

印张：6.25

字数：174 千字

定价：38.00 元

---

# 前言 FOREWORD

　　随着 21 世纪的到来，农业美学悄然兴起，在实践上不断探索，在理论上不断研究，创意农业、生态农业、休闲农业、美学农业等不断丰富与发展，特别是 2023 年 12 月 27 日中共中央、国务院印发了《关于全面推进美丽中国建设的意见》，标志着"生态文明建设"和"美丽中国建设"已成为国家战略。党中央提出的乡村振兴战略，农业农村部开展的"美丽乡村"建设和"中国美丽休闲乡村"推介活动，这些无不表现出人类对美、对农业美的追求，无不预示着美学农业已成为农业发展的一种方向和社会发展的一种需求。

　　基于此，笔者以 1999 年 12 月参与建设雷州半岛南亚热带农业示范区为实践基础，开始农业美学的研究及其学科体系的构建。2000 年 10 月在《热带农业科学》第 5 期发表《建设雷州半岛南亚热带农业示范区中的美学问题探讨》。此后，陆续编纂出版了《农业美学初探》《美丽乡村之农业设计》《农业新论》《美丽乡村之农业旅游》《美丽乡村之农业鉴赏》《美丽乡村之村庄设计》等著作，初步构建了农业美学学科体系，即由农业美学、农业新论、美学农业规划、农业设计、村庄设计、农业工具设计、农业技能美学、美学农业技术、美学农业经济、农业文化、农业音乐、农业舞蹈、农业旅游、农业鉴赏、农业生活和农业美学史构成。

　　美与文化的关系十分密切，是互依互促的。要建设美学农业，必须建设农业文化；要研究农业美学，必须研究农业文化。

基于此，笔者继续编写了《美丽乡村之农业文化》一书。全书共十章，包括：绪论、农业文化的内涵和特征、农业文化的形成、农业文化的历程、农业文化的类型、农业文化的结构、农业文化的功能、农业文化的形式、农业文化的建设、农业文化的利用，并收录中国重要农业文化遗产名单。现承蒙中国农业出版社的厚爱得以出版。在此，谨对中国农业出版社致以敬意！

罗 凯

2024 年 12 月 12 日

# 目 录 CONTENTS

# 第一章　绪　论

审美与品读是分不开的。如果说审美的过程也是文化品读的过程，那么，农业审美产品鉴赏的过程也是农业文化品读的过程。因此，要建设美学农业，必须建设农业文化；要研究农业美学，必须研究农业文化。农业文化就是农业美学的学科体系之一。

## 第一节　文化的一般问题

"文化"一词是再普通不过的词了，然而，关于其内涵至今仍是仁者见仁，智者见智，莫衷一是。

木棉文化普及

《现代汉语词典》是这样定义"文化"的：文化，人类在社会历史发展过程中所创造的物质财富和精神财富的总和，特指精神财富，如文字、艺术、教育、科学等。

《简明社会科学词典》是这样定义"文化"的：文化，人类在社会发展过程中所创造的物质财富和精神财富的总和。有时也特指社会意识形态以及与之相适应的制度和组织机构。文化是一种社会现象，它以物质为基础；每一社会都有同它相适应的文化，并随社会物质生产的发展而发展，随新社会制度的产生而改变，有它自身的客观规律，不以人的意志为转移。文化的发展具有历史的连续性，并以社会物质生产的发展为基础。新文化不可能脱离旧文化而产生。作为意识形态的文化，是一定社会的政治和经济的反映，它反过来又给予一定社会的政治和经济以巨大的作用和影响。在有阶级的社会中，文化具有阶级性。随着民族的产生和发展，文化具有民族特征。

基本的共识为：文化有广义和狭义之分。广义上的文化，指的是人类在社会发展过程中所创造的物质财富和精神财富的总和；狭义上的文化，指的则是凝结于物质之中又游离于物质之外的精神产物。

笔者倾向于狭义上的文化。文化是事物在产生、发展的过程中积淀形成的能为大家所认同并加以传承的精神产物，具有客观性、历史性、积淀性、全面性、概括性、先进性、区域性、无形性、共识性、传承性和社会性等特征。

文化的客观性。客观性，指的是文化以客观事物的运动、发展为其形成之源泉的特征。文化是无形的、精神的，但是，并不是无中生有，而是有其产生、形成之源泉。这个源泉就是客观存在的事物及其运动、发展。报告文学是文学的一种体裁，也是文化的一种形式，其最大的特点就是既具有文学性又具有新闻性，也就是以文学的笔法真实地反映典型的人物和事件等。著名的报告文学《哥德巴赫猜想》就是著名作家徐迟用报告文学的形式来描写著名数学家陈景润及其攻克世界数学难题"1＋2"的事迹。

文化的历史性。文化往往都是事物经过一段较长时间的运动、发展而逐渐积淀形成的特征。文化是事物运动、发展的积淀，因此，其形成就会经过一段较长的时间。

文化的积淀性。文化的形成，并不是事物及其运动、发展的全部留存，而是其精华的日积月累、逐渐积淀。水车文化，并不是所有水车制造和使用的简单累加，而是这些水车表现出来的可以作为人类手脚延伸，作用于劳动对象的客观实在。

文化的全面性。全面性，是指文化涉及人类生活和活动各个方面，并以多种形式存在和表现的特征。人类生活和活动的各个方面都会积淀形成相应的文化，如生活的、经济的、科技的、文化的、政治的。即使仅从生活方面来说，也涉及吃、穿、住、行。粤菜，既是一种菜谱，也是一种饮食文化；西装，既是一种服装，也是一种服装文化；徽派建筑，既是一种建筑风格，也是一种建筑文化；高铁，既是一种交通方式，也是一种交通文化。文化的存在和表现也是多种多样的，有实物、文字、语言、图像、影视、歌舞、雕塑和符号等。即使是文字的形式，也可分为小说、诗歌、散文、报告文学、戏剧、故事、谚语、论文、杂文、公文、通讯和报道等。

文化的概括性。概括性，是指文化对事物及其运动、发展的存在和表现具有高度概括的特征。文化是事物及其运动、发展的积淀，但并不是对事物及其运动、发展的全面、系统、详细的描述，而是进行抽象的概括。镰刀，既是一种刀具，更是一种用来割稻的工具。作为文化，不是描述某一镰刀的用料、尺寸及其锋利程度，更不是描述所有镰刀的用料、尺寸及其锋利程度，而是对镰刀作为人类手脚的延伸及其效能，以及具有共性的构成和原理进行描述，即可描述为：镰刀由刀身和刀柄构成，利用杠杆原理，延长人类手脚，增强手脚的力度，能够取得比手脚作用于劳动对象效果较好的效果。这就是镰刀文化。

文化的先进性。先进性，是指文化对事物及其运动、发展所积淀形成的都是当时当地先进的特征。追求先进、追求发展是人类的天性，也是事物存在的内在要求。如果说物质财富的创造是人类物质层面的追求的话，那么，精神财富的创造则是人类精神层面的追求。因此，文化对事物及其运动、发展所积淀形成的都是当时当地先进的，即文化具有先进性。

文化的区域性。其是指不同地区积淀形成的文化具有相应区域的特征。任何事物都存在、运动和发展于一定的空间，因此，无不受到其空间各种因素的影响。以饮食为例，在盛产稻米的江南地区，自然催生出食用稻米的习惯，形成稻米饮食文化；在盛产牛奶的草原地区，自然催生出饮用牛奶的习惯，形成牛奶饮食文化。

文化的无形性。其是指文化以无形的状态存在和表现的特征。文化是精神的东西，是风土人情、传统习俗、生活方式、文学艺术、行为规范、思维方式、价值观念等，因此，是无形的。尽管这样，却可以通过物化成为有形的东西。

文化的共识性。共识性就是事物及其运动、发展所积淀形成的文化获得人们普遍认同的特征。文化是无形的，是精神的，是看法，是观念，这样，就往往会有不同的认识。尽管这样，基本的共识却是需要的。不然的话，文化就没有价值作用，也没有约束作用。

文化的传承性。其是指文化是可以传承、延续下去的特征。文化是事物及其运动、发展的积淀，而事物的运动、发展是永无止境的。无疑，在运动、发展的过程中，总会由于其空间要素的影响而发生这样那样的变化，抑或运动的轨迹偏离，抑或运动的方式变换，抑或运动的速度变化，但是，无不是原有事物的继续，因此，作为其运动、发展积淀而成的文化具有传承性。

文化的社会性。其是指文化对社会具有凝聚作用的特征。上面的研究表明，文化既具有共识性，还具有先进性，这样，随着文化积淀、形成，就会将全社会、至少社会绝大多数人在共识性的支配下凝聚起来，引导社会朝着先进的方向发展。手机是一种先进的通信设备，这既是一种客观实在，也是一种普遍共识，因此，手机得以很快地在全社会普及开来，几乎人人都用手机，从而使手机使用成为一种全社会的行为。春节是一种传统的节日，既是除旧迎新，也是家人团圆，还是喜庆吉祥，既成了中华民族的共识，也成了中华民族的传统，还成了中华民族的节日，因此，千百年来，每到这一节日，中华民族的子孙都会回家团圆，张灯结彩，共庆佳节。

# 第二节 农业文化的贡献

本书是研究农业文化的，因此，在此先来看看农业文化的贡献。

农业劳动与现代都市

## 一、农业文化开启了文化之旅

常识告诉我们，人类诞生于约1万年前的新石器时代。当时，由于工具的制造和使用，使人不同于动物，或者可以说，使人得以形成。当然，工具制造和使用的最有力证据就是石器的制造和使用，特别是新石器的制造和使用。

常识也告诉我们，人类最初的食物主要通过采摘和狩猎来获得，也就是采摘野生之果实，狩猎野生之禽兽。当然，所使用的工具就是石器和木棒等原始的工具。随着人口的增加，以及采摘和狩猎的深入，野生之果实和野生之禽兽逐渐减少，愈来愈不能满足人类对食物的需求。为了生存和发展，人类开始栽培作物，驯养畜禽，河姆渡遗址的发现证明了这一点。

常识还告诉我们，工业始兴于原始社会末期。当时，进行第二次社会大分工，出现了独立的个体手工业；到了奴隶社会末期，则产生了手工业作坊；又到了16世纪中叶，形成了工场手工业；再到了18世纪60年代后，才出现了以机器为主导的近代大工业。个体手工业最初与农业融为一体，后来才独立，单家独户，手工操作，自产自销，而距今约7 000—5 000年的仰韶文化遗址中遗存的用来纺丝和麻的土纺轮证明了这一点。

常识同样告诉我们，商业是进行第三次社会大分工的结果。随着产品的自销有余，产品开始交换，商业开始兴起。我国古代商业始兴于先秦时期。当时使用的货币有海贝、骨贝、石贝、玉贝和铜贝。到了秦汉时期，当时的长安、洛阳、邯郸、临淄、成都等城市开始设有专供贸易的"市"，仅长安就设有9个"市"。

谈了这么多常识，不外为了说明，农业是人类的第一产业，也是人类生存和发展的第一依托。既然这样，农业在其运动、发展过程中积淀形成的农业文化自然成为人类社会最早的文化形式。

## 二、农业文化推动了文化发展

农业文化不但开启了文化之旅，而且推动了文化发展。

如果说农业的产生和发展积淀、形成农业文化，工业的产生和发展积淀、形成工业文化的话，那么，工业文化完全是在农业文化的推动下产生、形成和发展的。现在，我们习惯将锄头、镰刀和手扶机、耕耘机等工具的生产归入工业的范畴，这并没有错。然而，当我们将眼光投到原始社会的时候，我们会发现，当时的人们在采摘、狩猎或耕作、栽培的同时，也在制造劳动的工具——石锄、石刀和石斧等，即农业和工业是融合在一起的。铁锄是石锄的继续和发扬，耕耘机又是石锄、铁锄的继承和发扬。铁锄文化是石锄文化以锄头文化的形式推动的结果，耕耘机文化是石锄文化和铁锄文化以松土文化的形式推动的结果。当然也可以说，工业文化是农业文化推动的结果。

这是纯粹从工具的角度来考察的，当我们将视角放大，考察农业及其文化的时候，我们将更坚定农业文化对工业文化的推动。众所周知，农业生产是农业劳动主体运用农业劳动工具，利用农业劳动技能，作用于农业劳动对象，生产农业劳动产品的过程。在原始社会，就是当时的人类运用石锄等工具，利用刀耕火种等技术，作用于农田等田园，生产稻谷等农产品。显然，这些都属于农业的范畴，这些积淀形成的文化则属于农业文化。文化具有先进性，积淀形成的农业文化就会在有意无意中引导人们朝着先进的方向想象、努力、研究，自然包括对笨重、较钝的石锄的改进和取代，从而推动铁锄、耕耘机的发明、制作和使用。在此，我们又看到农业文化对工业文化的推动。

接着，考察农业文化对商业文化的推动。粮食、蔬菜和水果等农产品，对农业来说是产品，对商业来说是商品。作为产品，它存在于农业生产过程的空间中；作为商品，它则存在于商业经营过程的空间中。作为文化，它在农业生产过程这一空间中的运动积淀形成的是农业文化，在商业经营过程这一空间中的运动积淀形成的是商业文化。在此，有两点是值得注意的：一是在这两个空间中，粮食、蔬菜和水果等农产品将农业生产和商业经营这两种行为联系在一起，使商业经营行为成为农业生产的继续和延伸；将农业文化和商业文化这两种文化联系在一起，使商业文化成为农业文化的传承和延续。二是粮食、蔬菜和水果等农产品能够由产品变成商品，完全基于其生产，基于农业，基于农业生产的剩余，即商业文化的产生、形成完全是基于农业文化的存在和发展。

农业文化不但推动着工业文化和商业文化的产生和发展，而且推动着其他文化乃至整个文化的产生和发展。

### 三、农业文化丰富了人类文明

既然农业文化开启了文化之旅，推动了文化发展，那么，农业文化也就丰富了人类文明。

从某种意义上可以说，原始文化主要是农业文化。就现在来说，原始农业文化的确十分落后，使用的工具主要是石器，运用的技术主要是刀耕火种，种植的作物产量十分低。尽管这样，原始农业文化却带来了文化，并且是那样的实在。石器的使用使人们懂得工具的使用可延长手脚，刀耕火种的运用则使人们懂得技术的运用可提高生产的效能。

农业文化不但丰富了人类文明，而且推动着人类文明向各个方面发展。在饮食方面，如果说籼稻的生产使人类学会通过稻米的食用获取营养、实现温饱的话，那么，粳稻的生产则使人类懂得通过稻米的制品在获取营养的同时实现品尝；如果说粮食的生产可使人类实现温饱的话，那么，蔬菜、水果、糖油和肉类的生产则可使人类实现饮食多样化、品尝化。在穿着方面，棉花的生产使人类学会通过棉花的纺织制作棉布衣服，蚕桑的生产则使人类懂得通过蚕丝的纺织制作丝布衣服。如果说布料的生产可满足人类穿着需求的话，那么，毛料、皮料、塑料和珍珠等的生产则可满足人类穿着多样化、装饰化的要求。在居住方面，茅草的生产可为人类建房造屋提供盖顶的材料，木材的生产则可为人类建房造屋提供制作门窗的材料。如果说一般木材的生产可为人类建房造屋提供材料的话，那么，荔枝、龙眼和樟树等红木的生产则为人类房屋配置红木家具提供材料。

## 第三节　农业文化的缺憾

农业文化既有贡献，也有缺憾。贡献主要是农业文化运动、发展的结果，缺憾则主要是人为造成的。

智能监测气象站

## 一、认识上的缺憾

农业文化伴随着农耕文明的产生、发展而积淀、形成，是一种最早出现的文化，因此，往往导致人们在认识上的误区，误认为农业文化是一种落后的文化。

的确，农业文化起源于农耕文化，农耕文明时代的农业文化也等同于农耕文化。尽管农耕文化落后于工业文化，更落后于现代文化，但是，农耕文化在农耕文明时代却是先进的。这一道理很简单，也很明显。作为工具，石锄、石刀、石斧要比手脚更坚硬、锋利，铁锄、铁刀、铁斧又要比石锄、石刀、石斧更坚硬、锋利。

更值得注意的是，农耕文化并不是到农耕文明后期就戛然而止的，而是仍以农业文化的形式继续存在和发展着。新石器晚期在河姆渡种植的水稻不但至今一直都在栽植，而且范围更广，面积更大，品种更多，产量更高，品质更优；而高粱、玉米、甘蔗、甜菜、蔬菜等农作物也一直都在种植着。至于那些工具，石锄、石刀、石斧等虽退出历史舞台，但铁锄、铁刀、铁斧等仍在使用着，并且不但使用拖拉机、耕耘机等，而且使用汽车、火车、轮船等，使用电脑、网络、手机等。显然，使用耕耘机主要是为了耕耘田园，使用拖拉机、汽车、火车、轮船主要是为了运载农产品和农用物资，使用电脑可用来控制水肥施用，使用网络可用来搜索农业资料，使用手机可用来发布农业信息。

如果说拖拉机、耕耘机、汽车、火车、轮船、电脑、网络、手机，可以算作是工业文明、现代文明的象征，可以代表先进的工业文化、现代文化，那么，应用这些工具的农业生产所积淀、形成的农业文化无不融入了先进、现代的东西，无不是一种先进的文化。

## 二、研究上的缺憾

也许是由于认识上的原因，人们几乎没有对农业文化进行系统、全面、深入的研究，抑或仅研究农耕文明时代的农耕文化，抑或仅研究农业文化的某些枝节问题。1992 年，邹德秀出版了我国第一部关于农业文化的专著《中国农业文化》，共分十章：第一章，采猎生活与采猎文化；第二章，农业起源与原始农业文化；第三章，采猎—原始农业文化中的形式分化和内容深化；第四章，高度发展的农业文化（一）；第五章，高度发展的农业文化（二）；第六章，农业文化的区域分布与类型；第七章，农业文化——中国传统文化的根蒂；第八章，农业与中国古代社会的发展；第九章，社会主义时期的农业文化；第十章，未来的工农业综合文化。显然，这是一部关于中国农业文化发展史的专著，其研究的主要是农耕文化。至于其他专著和论文更是如此。1956年北京大众出版社编辑、出版的《在农业合作化运动中大力开展农民文化教育》研究的是一般文化教育问题。1989 年 4 月 2 日王利华发表于《中国农史》1989 年第 1 期的《农业文化——农史研究的新视野》则是从史学的角度研究农业文化问题。

这无疑是农业文化研究上的缺憾，也是与农业文化的存在和发展不相适应的。应尽快地改变这一局面，对农业文化进行系统、全面、深入的研究，形成一个比较完整、系统地能够反映整个农业发展特别是反映现代农业发展的农业文化。笔者在《改革与开放》2011年第6期发表了《农业文化的基本问题的思考》，对农业文化的概念、特征、结构和功能等问题进行了初步的研究。现在撰写本书，拟对农业文化进行比较全面、系统的研究。

### 三、使用上的缺憾

由于认识上和研究上的缺憾，尤其是由于没有形成一个能够反映整个农业发展特别是反映现代农业发展的农业文化理论体系，因此，在实践上，农业文化对农业的作用、对社会的作用，仍处于经验的层面、零碎的层面、机械的层面，而未能从科学的、理性的、有序的层面上反作用于农业，反作用于社会，指导农业发展，指导社会发展。

乡村是一个综合体，由田园、村庄和自然三大块组成。田园，是耕作化的自然，种植着作物和树木，养殖着畜禽和水生动物；村庄，是居住化的自然，居住着村民；自然，是原始化的自然，生长着天然的植被，生活着天然的动物，存在着天然的山岭、天然的水域。田园的存在和发展需要田园工程的设计和建设以及优良品种、先进实用技术和现代农业装备的推广，村庄的存在和发展则需要住宅、庭院、道路、树木、设施、卫生和文化的设计和建设，自然的存在和发展却需要生态环境的保护和利用，三者的存在和发展自然在于其协调、和谐、统一。显然，要全面振兴乡村，仅仅靠积淀、形成于农业生产的农耕文化不行，必须靠积淀、形成于乡村振兴的农业文化。

## 第四节 农业文化的研究意义

农业文化既有贡献，也有缺憾。那么，值得研究吗？这就是这里要揭示的问题。

## 一、研究农业文化是农业发展的需要

农业是最早形成和发展起来的产业，至今已有 1 万多年的历史，经历了原始农业时期和传统农业时期，现在进入了现代农业时期。在这一漫长的历史时期中，农业生产着粮食、蔬菜、糖油、水果和肉类等农产品，满足着人类对淀粉、脂肪和蛋白质等营养的需求，特别是水稻亩\*产由不足 50 千克提高到 600 多千克，使人类温饱问题基本得到解决。然而，农业并非到此止步不前，更不是到此就终结，而是仍在人类需求的驱动下，继续向前发展。

农业继续朝着高产优质的方向发展。我国温饱问题于 20 世纪 80 年代基本得到解决，在 20 世纪 90 年代国家提出发展"三高"农业。所谓"三高"农业，也叫"两高一优"农业，就是高产、优质、高效农业。这是符合农业发展要求的。事实上，我国的农业也是从那时起就开始朝着这一方向发展，并取得了较为显著的成效。"三高"农业的发展，不但使农产品愈来愈丰富，而且使农产品变得愈来愈品质优良。如果说人类对农产品的数量追求是有限度的话，那么，对品质的追求却是永无止境的。如果说淀粉、脂肪和蛋白质等是人类对营养的基本需求的话，那么，氨基酸、赖氨酸和维生素等则是人类对营养的高质量需求。而这些营养在农产品中的含量的提高是需要不断努力的。甘蔗糖分含量 11% 左右，这在 20 世纪 50 年代前就已实现，但直到现在，除个别品种外，大多都未达到 13%。事实上，袁隆平对超级稻的研究就是一种最好的诠释。因此，高产优质这一方向值得继续，值得持续。

农业也朝着质量安全的方向发展。人类不但追求营养丰富，而且追求健康长寿，甚至可以说，追求健康长寿是一个永恒的话题。无病无痛、寿命八十是健康长寿，身健力壮、寿命百岁更是健康长

---

\* 亩为非法定计量单位，1 亩＝1/15 公顷。——编者注

笔者参加 2024 年木棉文化和木棉稻田农林复合系统申遗调研宣讲活动

寿。在这一需求的驱动下，农业也朝着质量安全的方向发展。所谓质量安全，其实就是农产品质量安全，指的是农产品的等级规格、营养品质、卫生安全必须符合人畜的消费、营养、品尝和健康要求。2001 年 4 月，农业部启动"无公害食品行动计划"试点，2002 年 7 月全面铺开，进行无公害农产品生产，建设标准化生产基地，实行农产品质量安全例行监测制度，开展农产品污染、农资打假和农药使用等专项整治。一系列措施的实施，大大提高了农产品的合格率，目前我国农产品质量安全例行监测合格率达 97.6%。

　　农业朝着产业融合的方向发展。一直以来，农业主要都是生产粮食、蔬菜、糖油、水果和肉类等初级产品，以满足人类对这些产品的需求。不过，这些产品既可直接为人类消费，又可作为工业原料间接为人类消费。当这样做的时候，就意味着农业延长产业链，增加产品数量，提高经济效益。菠萝种植是农业，生产的菠萝果是农产品，将其加工是工业，加工成菠萝罐头、菠萝干、菠萝脯、菠萝汁和菠萝酒等产品是工业品。显然，这样一来，菠萝种植和加工融合了，菠萝产业链条延长了，菠萝产品增加了，各种产品的产值和效益也就形成了，综合效益则提高了。

　　同时，农业在继续生产以上农业物质产品的同时，还生产农业审美产品。农业审美产品是笔者提出来的，指的是以农业动植物及其赖以生存和发展的土地、田园、水域和环境，乃至整个农村地区（包括道路、城镇、集市、村庄、厂矿和自然环境等）为载体，并通过载体各构成要素的"宜人"外观及其按照美学规律排列和组合，创造农业美，特别是通过田园景观化、村庄民俗化、自然生态化的实现，生产出来的既能满足人们物质需求又能满足人们审美需求的产品。农业审美产品正在不断地生产出来。苹果，经过贴字技术的处理，变成"长"有"福""寿""禄"等文字的长字苹果；通过采用盆栽技术的栽培，变成富有艺术造型的盆景苹果；由于运用园林工程技术的营造，变成彰显田园风光的苹果公园。20 世纪 80 年代以来，人们充分地利用农业资源、田园景观、劳动工具、生活用具、乡村建筑、农业劳动、农民生活和民风民俗等发展休闲农业、美学农业，在生产粮食、蔬菜、糖油、水果和肉类等农产品的同时，生产美观的产品、健美的植株、美化的田园，以及民俗化的村庄、生态化的自然，为人们特别是城镇居民提供观光、休闲、旅游、度假的目的地。到 2019 年底，全国建设了一批休闲旅游精品景点，推介了一批休闲旅游精品线路，休闲农业接待游客 32 亿人次，营业收入超过 8 500 亿元。

## 二、研究农业文化是文化建设的需要

农业文化既属于文化的一个分支，也是一切文化之始祖和原动力，因此，要建设文化，必须研究、发展农业文化。

文化的传承性需要研究农业文化。上面的研究表明，文化最初积淀、形成于农业之中，积淀、形成于石锄、石刀、石斧等农业工具的使用和采摘、狩猎等农业生产之中；同时，由于农业文化的发展，推动了工业文化、商业文化和其他文化的产生、发展。因此，从某种意义上可以说，文化问题其实就是传承问题，就是对农业文化的传承问题，也就是"从哪里来，到哪里去"的问题。这样，如果说"到哪里去"是文化建设的目的以及基于这一目的的内容的话，那么，"从哪里来"就是文化建设必须厘清的基础问题。这一基础问题就是农业文化问题，更是初时农业文化问题。笔者认为，至少必须研究：①农业文化的内涵；②农业文化的产生、形成；③农业文化对社会文化的推动；④社会文化产生、发展与农业文化的关系。

文化的多元性需要研究农业文化。有一种观点认为，文化是人类在社会发展过程中所创造的物质财富和精神财富的总和。这无不表明，文化涉及方方面面，并由各方面构成；或者可以说，文化是多元的。尽管农业文化是一切文化之始祖，并推动着工业和商业等文化的形成和发展，但是，农业文化只是文化大家庭中的一员，并不能取代其他文化。事实上，随着文化的发展，农业文化在社会文化中所占的比重愈来愈小。尽管这样，农业文化并不能完全消失，或者被其他文化完全取代。因为人类始终需要粮食、蔬菜、糖油、水果和肉类等初级产品，即使加工业愈来愈发达，加工品愈来愈多样、丰盛，也只是将这些初级产品作为加工原料而已，况且新鲜水果之风味和品尝价值是加工水果无法取代的。这样，研究农业文化就可丰富文化内容，使文化体系充实、完善。

文化的发展性需要研究农业文化。文化正在不断发展，以发展彰显生命，也以发展引领事物。既然文化的多元性需要研究农业文化，那么，文化的发展性自然也需要研究农业文化。因为农业文化也是发展的。上面的研究表明，农业继续朝着高产优质的方向发展，朝着质量安全的方向发展，朝着产业融合的方向发展。在这些发展过程中，农业自然会积淀、形成相应的文化。无疑，这些文化既传承了原有的文化，又不同于原有的文化。它们仍然是农业文化，却强调了高产优质、质量安全和产业融合。

## 三、研究农业文化是社会进步的需要

农业文化是人类农业活动的积淀，无不是人类社会的构成要素之一，或者可以说，人类社会的进步离不开农业文化，需要研究农业文化。

社会的经济建设需要研究农业文化。社会经济体现在国内生产总值（GDP）上，GDP 又是各行各业产值之和，GDP 的增长与否则取决于各行各业产值增长与否。无疑，各行各业包括农业在内。农业，作为物质生产部门的时候，只生产粮食、蔬菜、糖油、水果、木材和肉类等农业物质产品，满足着人们对淀粉、脂肪、蛋白质等营养和甜、酸、苦、辣等味道品尝以及糖料、油料、木料等原料加工的需求。这时的农业通过农业物质产品的生产、销售来形成产值，当产量高、价格好的时候，形成的产值就较高。这时的农业文化并不直接形成产值，而是通过反作用，促进农业生产更多更好的农业物质产品来形成产值。当农业采取休闲农业、美学农业形态的时候，则除了继续生产以上农业物质产品以外，还生产美观的产品、健美的植株、美化的田园，甚至生产民俗化的村庄、生态化的自然。

社会的精神建设需要研究农业文化。随着社会的发展，物质的丰富，人类愈来愈追求精神生活，娱乐活动、文化活动、休闲活动、旅游活动、度假活动日益成为人类的主要活动内容。这样，就需要精神建设。固然，精神建设的内容有许多，如编印杂志、出版图书、拍摄影视、排演戏剧、展览书画和开展旅游等，当然，也应包括农业文化建设。

社会的制度建设需要研究农业文化。从某种意义上可以说，人类社会是各种关系的总和。在这些关系中，有人与人的关系，人与物的关系，人与事的关系，也有物与物的关系，事与事的关系，物与事的关系。这些关系既互存互依，又互促互抑。要共同和谐存在和发展，就需要一个理性的、规范的、合理的、科学的制度来约束，或者可以说，就需要制度建设。诚然，制度建设涉及许多方面，政治的、经济的、科技的、生活的，等等，不过，文化却是不可或缺的一个方面。众所周知，制度是人类制定出来并要求大家共同遵守的条文，大的如《宪法》，小的如考勤制度。显然，制度具有共同性、约束性和强制性。所谓共同性，指的是制度是对于某一群体的所有人来说的；所谓约束性，指的则是制度对其所针对的群体具有约束力；所谓强制性，指的是制度对其所针对的群体的约束是强制进行的。文化不但具有先进性、发展性，而且具有共同性、约束性。如果说文化的先进性、发展性可以引领事物的发展和进步的话，那么，文化的共同性、约束性则可以规范事物发展和进步的目标和步骤。农业文化自然也具有先进性、发展性、共同性、约束性，从而也可以给制度建设以参考，给制度执行以自觉。推广良种良法是一种农业文化，与老品种、老方法相比是先进的，品种、技术的不断更新是发展的，农技人员是合力推广的，广大农民是共同引种、应用的，既是农业发展的要求，也是农业行为的约束。这时，若将其编制成农业技术推广法就成为一种法律条文下的制度，将其文化吸收入制度之中则成为制度建设之参考、制度执行之自觉。

# 第二章 农业文化的内涵和特征

农业文化既是最古老的文化，也是历史最长的文化，还是将继续存在和发展下去的文化。然而，农业文化的研究却严重滞后。因此，其研究从最基本的问题开始，也就是从内涵的揭示开始。

农产品形成的产品文化始终是农业文化的核心

## 第一节 农业文化的内涵

众所周知，任何事物的发展都会积淀、形成一种文化。农业是

原始社会的农业劳动

一种最古老、最原始的产业，成千上万年的经历、演变和发展，也会积淀、形成一种文化——农业文化。

什么叫农业文化？所谓农业文化，自然是农业在产生、形成和发展的过程中积淀、形成的一种文化。

什么是农业？宋原放主编、上海辞书出版社 1982 年出版的《简明社会科学词典》对农业的定义是："利用动植物自身的生长机能，采取人工培育和管理的方法以取得产品的物质生产部门。"

《农业辞典》编辑委员会编写、江苏科学技术出版社 1979 年出版的《农业辞典》对农业的定义则是："国民经济的一个基本组成部门，是国民经济的基础。它是利用植物、动物的生活机能，通过人工培育，获得粮食、肉类、工业原料及其副产品，满足人民生活和国民经济建设的需要。"

以上几则关于农业的定义，虽然用词不同、表述不同，但是其内涵基本相同，那就是：以动植物为劳动对象，以动植物的生理机能的利用为劳动特点，以人工培育、管理为劳动手段，以生产农业物质产品为劳动目的。

不过，笔者认为，这些农业定义都不够合理、不够科学，不能客观地反映农业的存在，更不能客观地反映农业的发展。主要表现在：一是产品仅局限于农业物质产品，特别是习惯上所说的农产品；二是手段几乎仅局限于人工培育及其延伸；三是功能几乎仅局限于生产满足人类营养、品尝和原料需求的农产品上。

笔者认为，基于农业的客观存在和发展，应将农业定义为：农业，指的是利用动植物的生理机能，通过人类的一切可能行为的作用，与土壤、气候、水和生物等自然资源发生作用，生产既可满足人类物质需求又可满足人类精神需求的物质产品和审美产品的产业。

至于为什么应该这样定义，在此不拟展开论述，因为在拙著《农业新论》中已有较详细、系统、全面的论述，感兴趣的读者可翻阅该拙著。不过，值得强调的是，积淀、形成农业文化的农业应是笔者所定义的农业。

## 第二节　农业文化的特征

作为文化，农业文化自然应具有文化的一般特征，不过，农业文化也应具有其固有的特征。

油菜花及其文化

## 一、自然性

自然性，指的是农业文化以大自然为载体存在和发展的特征。

众所周知，农业存在于自然之中。水稻、甘蔗和菠萝等作物种植于耕作化的自然之中，桉树、木麻黄和杉木等树木栽植于林地化的自然之中，牛、羊和马等牲畜放养于牧草化的自然之中，鱼、虾和蟹等水生动物围养于滩涂化的自然之中，如此等等。如果说这些自然空间多少已经人为化的话，那么，海洋、湖泊里天然生活着的鱼、虾、蟹等水生动物和原始森林里天然生长着的榕树、樟树、见血封喉等树木所存在的空间就完全是自然的了。

这时，也许有人会问：耕作化、林地化、牧草化和滩涂化的自然作为农业的空间是可以理解的，天然的海洋、湖泊和原始森林也可以作为农业的空间吗？的确，是可以的。只要人们到天然的海洋、湖泊中去捕捞鱼、虾、蟹，到天然的原始森林中去采伐树木，就是农业。当然，准确地说，分别是大农业中的渔业和林业，分别是渔业和林业中的捕捞业和采伐业。

其实，即使耕作化、林地化、牧草化和滩涂化的自然也非常接近天然的自然。就土壤来说，砖红壤属自然土，是天然的土壤；赤土属耕地，是耕作化的土壤，由砖红壤耕作熟化而形成。但是，赤土仍基本保持砖红壤的基本特征，仍然是土层深厚，为黏壤，土性偏酸，土质肥沃。这是土壤，至于气候，温、光、水、气、热基本一样；至于水，天然降水仍然是一样的。

农业不但存在于自然这一空间之中，而且利用自然来生存和发展。水稻、甘蔗、菠萝等作物和桉树、木麻黄、杉木等树木不但分别利用耕作化、林地化的自然之土壤来稳固，而且通过根系直接吸收土壤的养分和水分，通过叶片直接利用自然中的温、光、水、气、热，加上人为的施肥、灌水、防虫、治病，生长发育，开花挂果。牛、羊、马等牲畜则通过直接食用牧草化的自然中所种植、生长的牧草，获取营养，生长发育。鱼、虾、蟹等水生动物一方面直接食用滩涂化的自然中所天然生活着的微生物，一方面食用人工提供的饲料，生长发育。

农业也受到自然的制约。自然对农业最大的制约表现在其地域分异规律对农业的制约。自然是广阔的，在不同的空间，其土壤、气候、水和生物不同，从而出现地域分异，并呈现规律性。一般来说，从南到北，就气候这一主要要素来说，会形成热带气候带、温带气候带和寒带气候带，由此相应地形成热带农业区、温带农业区和寒带农业区。比如，热带作物甘蔗十分适宜在热带农业区生长发育，种到温带农业区就不适宜了；温带作物甜菜则十分适宜在温带农业区生长发育，种到热带农业区也就不适宜了。

自然对农业的制约还表现在其变化对农业的影响。当土壤肥力较高时，有利于作物生长发育；当土壤肥力较低时，不利于作物生长发育。当气候风调雨顺时，作物丰产丰收；当气候灾害频发时，作物减产减收。当水充足时，作物水源有保障；当水缺乏时，作物水源没有保障。当生物多种多样时，作物生态环境良好；当生物种类稀少时，作物生态环境恶化。

比较而言，农业文化之外的其他文化所赖以积淀、形成的事物则大多不以自然为载体和空间。工业文化所赖以积淀、形成的工业以完全人为化的厂房为载体、空间，商业文化所赖以积淀、形成的商业以完全人为化的市场为载体、空间，城市文化所赖以积淀、形成的城市以完全人为化的城市为载体、空间。当然，也有一些文化以自然为载体、空间，山水文化和园林文化就是这样，其所赖以积淀、形成的载体、空间都是自然，不过，山水文化的自然是天然化的，园林文化的自然是人为化的。

农业在自然这一载体中存在和发展所积淀、形成的农业文化自然具有自然的特性，具有浓郁的自然气息。土壤、气候、水和生物等自然资源及其运动规律，特别是农业存在和发展所依赖的综合运动规律，无不构成农业文化之基调。因此，可以说，农业文化是自然与文化的综合体。

## 二、生物性

生物性，指的是农业文化以生物为对象存在和发展的特征。

从某种意义上说，农业生产的实质，就是人们利用水稻、甘蔗、菠萝、猪、牛、羊、鱼、虾、蟹等农业动植物的生理机能，通过其与土壤、气候和水等自然资源的作用，来生产稻谷、糖料、水果和肉类等农产品的过程。

水稻、甘蔗、菠萝等作物的生理机能表现在生根、发芽、伸茎、分枝、长叶、开花、挂果，水稻的生理机能集中体现在谷粒，甘蔗的生理机能则集中体现在长茎，菠萝的生理机能集中体现在挂果，猪、牛、羊等牲畜和鱼、虾、蟹等水生动物的生理机能表现在生长、发育。这些是我们看到的农业动植物表现的生理机能，下面关于光合作用的描述则可使我们看到农业动植物生理层面的生理机能。光合作用是农作物的主要生理机能之一。它是农作物的叶片利用叶绿素等光合色素，通过其细胞本身，在可见光的照射下，经过光反应和碳反应两个阶段，将由气孔进入叶片内部的二氧化碳和由根部吸收的水转化为储存着能量的淀粉等有机物，并释放出氧气的生化过程。

生产农产品的过程，既可以说是农业动植物对自然资源的利用过程，也可以说是自然资源对农业动植物的作用过程。土壤对农作物具有稳固的作用，并可提供氮、磷、钾等养分和硼、锌、铜等微量元素；气候，可为农作物提供温、光、水、气、热；水，可满足农作物对水的需求；生物，一方面可为农业动植物的品种选育提供种质资源，另一方面可为农业动植物的生态环境提供多样化生态物种。这些描述可使我们从宏观、微观上看到自然资源对农业动植物的作用过程。

人们的利用，则主要表现在：一是合理利用自然资源。根据自然资源的地域分异规律进行农业分区，将相应的农业动植物安排在相对适宜的农业区中进行生产，以利于农业动植物更好地利用适宜农业区的自然资源，更好地生长发育。例如，将适宜于热带气候条件的甘蔗安排在热带农业区中进行生产，将适宜于温带气候条件的甜菜安排在温带农业区中进行生产；将嫌气作物水稻种到水田中，将好气作物甘蔗种到坡地里；将牛羊放到草地上养殖，将鱼虾放到池塘里养殖等。二是改造自然资源。根据农业动植物对生长发育、高产优质的要求，对不适宜的自然资源相应改造成相对适宜的自然资源。例如，掺沙改土和掺泥改土，主要是改造土壤沙泥比例，使其成为适宜农作物生长发育、高产优质的土质；开沟引水和打井抽水，主要是改造田园的水源状况，使其成为能够满足农作物生长发育、高产优质水源需求的水浇地；营造方格林和搭建棚架，主要是改造田间小气候，使其成为适宜农作物生长发育、高产优质的气候。三是培育农业动植物优良品种。人们培育农业动植物优良品种的本质，就是根据人们对农产品高产优质的要求，采用常规、杂交、诱变和分子水平等育种方法，对原有的农业动植物品种进行培育，使其能够克服原有某些方面的缺点，成为相对更适宜于一定自然资源的优良品种，从而能够在相应的空间中充分地利用自然资源，生长发育、高产优质。例如，云南是我国三大蔗区之一，但不少地区处于高原生态环境中。那么，什么样的品种才能在这一条件下健康地生长发育，形成较高的产量和较好的品质呢？符菊芬等的研究结论是：萌发力强，早生快发，前中期生长快，成茎率高，有效茎多，抗旱、抗病、耐寒力强，宿根性好，糖分高，早中熟的中至中大茎品种。四是推广先进实用科技。推广先进实用科技的本质，则是根据人们对农产品高产优质的要求，通过相应的技术，使农业动植物能够更好地利用自然资源，生长发育、高产优质。测土配方施肥是一项先进实用技术，指的是根据作物及其不同生育时期对各种养分及其比例的需求、土壤各种养分的含量及其比例情况进行施肥，从而实现既促进作物生长发育、高产优质，又节约肥料、降低成本。五是应用现代农业装备。应用现代农业装备的本质，是通过延长人类手脚的长度，增强人类手脚的力度，加大对自然资源的作用力度，提高对自然资源的作用效率，从而使农业动植物能够更好地利用自然资源，生长发育、高产优质。耕耘机是一种松土工具，主要通过传动系统驱动旋耕刀，切削土壤，从而达到松土的目的。

由此可见，农业生产的实质是以农业动植物为核心，以农产品生产为目的，以农业动植物的生理机能利用为关键。自然资源的利用也好，人类的作用也好，都是围绕农业动植物来进行的，因此，农业具有生物性，作为农业积淀、形成的农业文化自然也具有生物性。农业动植物及其生长发育规律构成农业文化之主调，农业文化是生物与文化的共生体。

## 三、产品性

产品性，指的是农业文化以农业产品生产为存在和发展的特征。

这里的农业产品是广义的，至少包含如下三层含义：

第一，农业产品指的是由农业动植物生产的能够满足人们对淀粉、脂肪、蛋白质等营养需求和甜、酸、苦、辣等品尝需求以及糖料、油料、木料等原料需求的产品，也就是传统上、习惯上所说的农产品。稻谷、小麦和玉米等产品分别由水稻、小麦和玉米等农作物生产，并且富含淀粉，可满足人们对淀粉的需求；猪肉、牛肉和羊肉等产品分别由猪、牛和羊等牲畜生产，并且富含脂肪，可满足人们对脂肪的需求；鸡蛋、鸭蛋和鹅蛋等产品分别由鸡、鸭和鹅等家禽生产，并且富含蛋白质，可满足人们对蛋白质的需求；西瓜是甜的，酸豆是酸的，苦瓜是苦的，辣椒是辣的，分别可满足人们对甜、酸、苦和辣等的品尝需求；甘蔗可作为制糖的糖料，花生可作为榨油的油料，树木可作为制作家具的材料，都可满足人们对原料的需求。

显然，农产品并不限于果实，往往可能是农业动植物的某一器官，一般来说，包括：①籽粒，如水稻、小麦和玉米等；②果实，如香蕉、菠萝和芒果等；③茎秆，如甘蔗、树木、竹等；④叶片，如芦荟、剑麻和香茅等；⑤块根，如番薯、木薯和萝卜等；⑥花朵，如无花果、菜花和菊花等；⑦畜禽产品，如猪、牛、羊和鸡、鹅、鸭等；⑧水产品，如鱼、虾、蟹等。

第二，农业产品也包括农业动植物生产的所有农业物质产品。水稻、小麦和玉米在分别生产稻谷、麦粒和玉米苞的同时，还在生产根系、叶片和秸秆；猪、牛和羊在分别生产猪肉、牛肉和羊肉的同时，还在生产毛、指甲和骨头等；鱼、虾、蟹在分别生产鱼肉、虾肉和蟹肉的同时，还在分别生产鱼鳞、虾壳和蟹壳，并还都在生产内脏。这些产品都有其存在的价值。水稻、小麦和玉米的秸秆既可作为喂牛的饲料，也可作为还田的肥料；羊毛则是纺织布匹的好材料；至于其他，至少可以作为肥料。由此可见，的确可以将它们称作农业物质产品。

事实上，农业动植物所生产的一切实物产品都属于农业物质产品，而传统上、习惯上所说的农产品只是农业物质产品的一部分，或只是目的产品。随着人们的生产目的不同、需求不同，农产品也会发生变化。菠萝，一种典型的热带水果，在1930年前生产的目的是收叶片、提取纤维来织布匹，当时的农产品或目的产品是叶片；1930年后的农产品或目的产品是菠萝果；目前，除继续生产菠萝果外，还利用叶片来提取纤维，显然，这时的农产品或目的产品既是菠萝果，也是叶片。菠萝是这样，蛋鸡、奶牛呢？对蛋鸡来说，生产鸡蛋比生产鸡肉重要；对奶牛来说，生产牛奶比生产牛肉重要。

第三，农业产品还包括农业动植物生产的农业审美产品。

众所周知，美是无处不在的，农业动植物及农业生产中同样存在美。作物的叶序，或对生或互生或簇生，是一种秩序美；作物的植株，根、茎、枝、杈、叶、花、果，协调一致、和谐一致，是一种造型美；田园的作物，长势一致、微波绿浪，是一种整齐美；等等。这些是人类在无意识或潜意识下从事农业所形成的美。当人类在意识的支配下从事农业，所形成的美就更多、更美了。人类通过贴字技术，使苹果"长"出"福""寿""禄"等文字来；通过盆栽技术，制作出盆景苹果；通过园林工程，营造出苹果文化主题公园；等等。

农业审美产品包括：①农产品审美产品，指的是既能满足人们对淀粉、脂肪、蛋白质等营养需求和甜、酸、苦、辣等品尝需求以及糖料、油料、木料等原料需求，又能满足人们审美需求的产品。不过，这里的农产品是广义的，包括上面所提到的籽粒、果实、茎秆、叶片、块根、畜禽和水产品。如长字苹果、多彩玉米和方形西瓜等。②作物植株审美产品，指的则是既生产营养丰富、品质优良、安全卫生、口感适宜的产品，又造型健美的作物。这里的作物也是广义的，包括水稻、甘蔗和蔬菜等农作物，木麻黄、桉树和苦楝树等树木，猪、牛、羊和鸡、鹅、鸭等畜禽，鱼、虾、蟹等水产品。如盆景苹果、番茄树和树冠修剪成半球形的荔枝等。③田园审美产品，指的是既种植作物、生产农产品，又与其上的作物、道路、沟渠、林带、棚架、机井、房屋、电网等构成和谐统一体、形成景观化的田园。这里的田园同样是广义的，包括种稻的水田、种植甘蔗的坡地、栽果的园地、造林的林地、牧羊的草地和养鱼的池塘等。如荔枝采摘园、蔬菜市民农园和苹果文化主题公园等。④自然审美产品，就是乡村中既天然存在又具有审美意义的自然。这里的自然包括平原、丘陵、山岭、盆地、水域、沙漠、植被和动物等。如野生稻、野猪和原始森林等。⑤人文审美产品，则是乡村中既有人类作用和影响的，又具有审美意义和文化意义的人文。这里的人文则包括民俗物质文化、民俗非物质文化、古民居、名人遗迹、重大历史事件遗址、现代文化设施、现代文化等。如石刀、八仙桌和民间故事等。⑥农舍审美产品，指的是乡村中具有地区适应性、居住实用性、文化多元性和审美价值性的居住房屋。如吊脚楼、四合院和蒙古包等。⑦村庄审美产品，是指乡村中通过农舍、道路、树木、设施和文化等要素的各自成形及其合理组合，形成作为人类居住聚集群落，具有文化意义、审美意义的村庄。⑧农业劳动工具审美产品，指的是既作为人类手脚延伸，作用于农业劳动对象，生产农业劳动产品，又在功能上可使用、在使用上可舒适、在文化上可品读、在外观上可悦目的农业劳动工具。这里的农业劳动工具包括锄头、镰刀和扁担等简单工具，喷雾器、风车和水车等半机械工具，手扶机、耕耘机等机械工具，土壤养分速测仪和电脑等智能工具。⑨农民生活用具审美产品，指的是在功能上可使用、在使用上可舒适、在文化上可品读、在外观上可悦目的农民生活用具。这里的农民生活用具包括碗、筷、盆等"吃"的用具，衣、裤、帽等"穿"的用具，宅、床、柜等"住"的用具，牛、马和车等"行"的用具。⑩农业劳动审美产品，指的是农业劳动者在农业劳动的过程中存在和表现的和谐优美的肢体运动。这里的农业劳动者及其所从事的农业劳动是广义的，包括农业生产人员从事农业生产、农技推广人员从事农技推广、农业教育人员从事农业教育、农业研究人员从事农业研究、农业管理人员从事农业管理和涉农人员从事涉农事务。如锄地、插秧和挑水等。⑪农民生活与活动审美产品，指的是农民在生活与活动的过程中存在和表现的和谐优美的肢体运动。这里的农民生活与活动也是广义的，包括吃、穿、住、行等日常生活，集资、修路等社会事务，宣传、选举等政治活动，节日庆典、红事白事等民风民俗。如贺中秋、闹元宵和跳民族舞等。⑫乡村审美产品，自然是指乡村中存在和表现的乡村风光。乡村由田园、村庄和自然三大块组成，其审美产品应是以上各种审美产品的综合。

农业文化的产品性是农业文化的固有特征，特别是以农产品作为其存在和表现这一点是其他任何文化都不具有的。园林也好，盆景也好，虽都具有生物性，都生产着物质产品，但是这些不是农产品。至于工业，生产的是工业产品，是钢筋、水泥和石油等产品；商业，生产的是服务产品，是广告、销售和运输等产品。

## 四、动态性

动态性，就是农业文化处于不断变化、发展之中的特征。

文化是事物的积淀，具有相对的稳定性，农业文化也一样。不过，相对于其他文化来说，农业文化具有动态性，即总是处于不断变化、发展之中。

首先，农业文化的动态性，存在和表现在农业动植物的生长发育之中。农业动植物是生命体，每时每刻都在生长发育之中。看得见的是，根在生，芽在抽，茎在伸，枝在分，叶在长，花在开，果在结；看不见的是，根系在吸收，营养在输送，细胞在分裂，物质在积累。这种变化、发展，是农业动植物生理机能活动的结果；人类期望的是其合乎规律的科学活动，也就是其作为动态的文化归宿。其次，农业文化的动态性，存在和表现在农业生产的造别更替之中。在农业生产中，大多推行耕作制。所谓耕作制，就是根据农作物对自然资源的要求以及自然资源在一年中的特点和变化规律，安排相应的作物。如果说"早造早稻—晚造晚稻"是一种耕作制的话，那么"早造早稻—晚造晚稻—冬季种蔬菜"也是一种耕作制。这种变化、发展，则是在自然资源的约束下，农业生产遵循自然规律的结果；人类期望的则是其合乎自然规律的生产活动，同样是其作为动态的文化归宿。再次，农业文化的动态性，存在和表现在动物的活动变化之中。在农业生产中，水稻、甘蔗和蔬菜等农作物也好，桉树、木麻黄等树木也好，只要播下种子或植下幼苗，其存在和发展的空间就不变了，可以说，一直到收获都固定在那里。不过，猪、牛、羊等牲畜，鸡、鹅、鸭等家禽，鱼、虾、蟹等水生动物则不同，其存在和发展的空间每时每刻都在变化。这种变化、发展，是动物在本能的驱动下自由和约束活动的结果；人类期望的是其生命本能的人为释放，仍然是其作为动态的文化归宿。最后，农业文化的动态性，存在和表现在农业的发展之中。农业起始于约1万年前的新石器时代。在漫长的历史中，农业一直都在发展，从原始农业到传统农业再到现代农业。就工具来说，原始农业，最具代表性的是石锄、石刀和石斧等石器的制造和使用；传统农业，最具代表性的则是铁锄、铁刀和铁斧等铁器的制造和使用；现代农业，最具代表性的是手扶机、拖拉机和耕耘机等机械的制造和使用。就栽培技术而言，在原始农业，刀耕火种是代表之一；在传统农业，区田法和代田法是代表；在现代农业，规范化栽培和标准化生产是代表。这些使我们看到农业从原始农业到传统农业再到现代农业这一历史过程中工具和技术的变化、发展。

这是从漫长的农业发展史来看农业的变化、发展的，其实，即使是某一较短的时段农业也在变化、发展。比如品种是甘蔗生产的主要要素。从新中国成立至今 70 余年的时间里，我国三大甘蔗基地之一的广东省就由 20 世纪 50 年代前中期的以爪哇 2875 为主发展到 20 世纪 50 年代中后期至 20 世纪 60 年代前中期的以台糖 134 为主，20 世纪 60 年代中期至 20 世纪 70 年代的以粤糖 54－143 等为主，20 世纪 80 年代的以粤糖 63－237 等为主，20 世纪 90 年代前中期的以粤糖 79－171 等为主，20 世纪 90 年代后期以来的以新台糖系列品种为主。随着品种的变迁，也可以说良种的推广，甘蔗亩产由不足 3 吨提高到 5～6 吨。再说技术，节水技术从喷灌发展到滴灌、微滴灌，并伴随着膜下滴灌。随着节水技术的发展，灌溉不但节水，而且增效。

客观地说，任何文化都具有动态性，都是不断变化、发展的。工业，从个体手工业到集体手工场再到机器大工业，是变化、发展的；商业，从零售到批发，从实体到网络，也是变化、发展的。变化、发展的工业、商业所积淀、形成的文化自然也是变化、发展的。但是这些文化的变化、发展不像农业文化那样，总是伴随着农业动植物的变化、发展。

农业文化的变化、发展总是围绕着农业动植物的变化、发展进行的。松土工具从石锄变成铁锄再变成耕耘机，是为了使田园的疏松能够更有利于农作物生根、抽芽、伸茎、分枝、长叶、开花和结果，更有利于农作物营养输送、细胞分裂、物质积累；栽培技术从刀耕火种变成区田法、代田法再变成规范化栽培和标准化生产同样如此。甘蔗深松耕栽培技术是一项实用新技术，就是在常规整地之后，再用大马力拖拉机牵引无壁犁，采用单向深松法或双向交叉深松法进行犁耕蔗地，一般深度松土 30～40 厘米，比一般牛犁耕增深 15～25 厘米。广东省遂溪县 1984—1988 年 27 个（新、宿）试验结果表明：①甘蔗根系。每苗根数 91 条，增多 68.52%；根鲜重 27.3 克，增重 64.45%；宽度 32.6 厘米，增宽 58.25%；深度 30.4 厘米，增深 45.45%。②新植蔗萌芽率 70.2%，提高 10.4 个百分点；宿根蔗发株率为 8 539 株，多 23.66％。③平均亩有效茎数为 4 933 条，多 7.66％。④茎长为 242.1 厘米，增长 6.3 厘米。⑤茎径为 2.46 厘米，增粗 0.09 厘米。⑥单茎重 1.152 千克，增重 0.111 千克。⑦平均亩产为 5.68 吨，增产 19.13％。⑧平均蔗糖分 14.7％，基本持平。⑨平均每株青叶数为 7.9 片，增长 17.91％。

## 五、纵横性

纵横性，是农业文化与其内外的各种文化相互交叉、相互融合，形成有机统一体的特征。

农业是一个大产业，就内部来说，涉及农业、林业、畜牧业、副业、渔业、休闲农业六个行业。农业，利用耕地和园地种植农作物。耕地包括灌溉水田、望天田、水浇地、旱地、菜地，园地包括果园、桑园、茶园、橡胶园、其他园地，种植稻谷、小麦、薯类、玉米、大豆等粮食作物，棉花、油料、麻类、糖料、烟叶、药材等经济作物。林业，利用林地种植树木。林地包括有林地、灌木林地、疏林地、未成林造林地、迹地、苗圃，种植乔木、竹类、灌木、沿海红树林。畜牧业，利用土地资源培育或者直接利用草地发展畜牧业。草地，从草场特点来说，包括草甸草原、干草原、荒漠草原、山地草原、高山草甸草原、荒漠；从利用特点来说，包括天然草地、改良草地、人工草地。饲养猪、牛、羊、马、驴、骆驼等牲畜和鸡、鹅、鸭、鸽、鹌鹑等家禽。渔业，利用水域空间捕捞或养殖水产品。水域包括江河、湖泊、水库、池塘、海洋，捕捞或养殖鱼、虾、蟹、贝、藻等水生生物。副业，利用农产品、林产品、畜禽产品、水产品及其副产品进行小规模的加工或者制作，生产加工产品。休闲农业，也叫旅游农业，利用农业资源、田园景观、劳动工具、生活用具、乡村建筑、农业劳动、农民生活和民风民俗等生产农副产品的同时，生产美观的产品、健美的植株，发展美化的田园、民俗化的村庄、生态化的自然。

农业也涉及生产、加工、流通三个层次。生产，就是利用农业动植物的生理机能，通过与土壤、气候、水和生物等自然资源的作用，生产粮食、糖油、蔬菜、水果、木材和肉类等农产品。其以生产品种和数量为基础，以品质优良、营养丰富、卫生安全和口感适宜为目标。加工，也就是上面提到的副业，有初级加工和深加工之分。如果说将菠萝加工成菠萝罐头是初级加工的话，那么，加工成菠萝干、菠萝脯、菠萝汁和菠萝酒等就是深加工了。流通，则是经销商通过零售、批发、代销、期货、邮寄、快速、网络等形式，将生产者生产的农产品和加工产品销售给消费者，从而实现农产品和加工产品价值的过程。

农业还涉及生产、推广、科研、教育、管理五个系统。这里的生产，指的是农业生产人员从事农业生产，包括农作物和树木的种植、畜禽和水产品的养殖、农副产品的加工。推广，指的是农业科技人员从事农业科技推广，包括优良品种、先进实用技术和现代农业装备的推广。科研，指的是农业研究人员从事农业研究，包括农业理论研究、优良品种培育、先进实用技术研究和现代农业装备研究。教育，就是农业教育人员从事农业教育，包括高等教育、职业教育和短期培训。管理，是农业管理人员从事农业管理，包括行政机关管理、事业单位管理和企业实体管理。

就外部来说，农业涉及财政、税务、工商、质检、农资、供电、金融、交通等单位。财政，主要肩负着公共资金对农业的分配，包括分配的形式、种类和数量。当所分配的总量较大、比例较高时，农业的发展就会较快；当所分配的资金侧重某一方面（如基础设施建设、农业技术推广和现代农业装备等）时，某一方面的发展则会较快。税务，主要肩负着公共服务经费和各行各业再分配资金的筹集。我国从 2006 年 1 月 1 日起免征农业税。不过，与农业相关的产业或项目（如农资生产或农膜、农具等）仍在征税。这些税收仍在影响着农业生产，税收愈高影响愈大。工商，主要肩负着市场的管理，对农业来说，就是管理农副产品和农资的质量安全，以及打击假、冒、伪、劣农副产品和农资，限制高毒农药的使用等。显然，它的力度直接关系到农副产品和农资的质量安全。质检，对农业来说，则是对农产品、农资、农业生产环境的质量安全的检查，确保能在质量安全达标的农资、农业生产环境的作用下生产出质量安全达标的农产品。农资，就是生产农膜和农具等农业生产资料的部门。这些资料的种类、数量和质量直接影响着农业生产。农膜的利用，可调控农作物的温、光、水、气、热；农具的装备，可增强人类作用于农业劳动对象的力度，提高人类作用于农业劳动对象的效率。供电，就是负责供应电力的部门。随着现代农业的发展，农业用电愈来愈多，电力的保障供应自然日显重要。金融，则是负责资金信贷的部门。贷款的额度、利率的高低、贴息的有无、资金的走向关系着贷款部门、行业和个人的经营，对农业的影响也不例外。交通，是负责交通运输的部门，对农业来说，就是农副产品和农资的运载了。交通的设施包括陆路、水路和航线，交通的工具包括汽车、轮船、火车和飞机。它们的快捷性、便利性、安全性和经济性影响着农副产品和农资的运载。

　　农业也受到那些非涉农的外部因素的影响。①在生活上，人们对农副产品的消费需求影响着农业生产，这种影响既表现在总量需求上，也表现在区域需求、种类需求上；既表现在数量需求上，也表现在品质需求、安全需求上。当对水果需求较多时，水果生产自然发展较快；当讲究养生保健时，生产的农副产品自然追求质量安全。②在经济上，社会经济的发展状况也影响着农业生产，这种影响主要表现在社会经济的发展水平和速度上。当发展水平较高和速度较快的时候，社会对农业的投入和对农副产品的消费都会相对较大；反之，则相对较小。③在文化上，先进的文化不但会引导社会向前发展，而且会引导农业向前发展。民族文化对农业的凝聚作用就是把涉农的、非涉农的凝聚起来，形成一股力量，共同发展农业。④在科技上，科技的进步不但会推动社会的发展，而且会推动农业的发展。机械的研究和制造，不但催生出汽车、火车、轮船和飞机等快捷、便利、安全、舒适的交通工具，而且催生出手扶机、拖拉机、耕耘机和播种机等提高人类劳动效率的农业劳动工具。⑤在政治上，国家的政治体制、经济体制和法律法规等同样影响社会的进步、农业的发展。当然，可以说所有方面都在影响着农业，问题只是大小而已、直接或间接而已。

这些与农业有关的事物在其运动中特别是在其与农业的相互作用中都积淀、形成既各自独立又相互影响的文化，从而构成纵横交错的农业文化体系。

## 六、产业性

产业性，是农业文化以农业这一产业为依托，其一切行为规范都要围绕这一产业来进行，其价值集中体现于农业劳动产品生产的特征。

农业是一种产业，是一种农业劳动主体使用农业劳动工具，运用农业劳动技能，作用于农业劳动对象，生产农业劳动产品的产业。

农业是这样一种集合体。种稻，是稻农这一农业劳动主体使用锄头和镰刀等农业劳动工具，运用水稻栽培技术等农业劳动技能，作用于稻田和水稻等农业劳动对象，生产稻谷这一农业劳动产品；植蔗，是蔗农这一农业劳动主体使用大马力拖拉机和蔗刀等农业劳动工具，运用甘蔗深松耕栽培技术等农业劳动技能，作用于蔗地和甘蔗等农业劳动对象，生产甘蔗这一农业劳动产品；造林，是林工这一农业劳动主体使用锄头和铁铲等农业劳动工具，运用树木种植技术等农业劳动技能，作用于林地和树木等农业劳动对象，生产木材这一农业劳动产品；牧羊，是牧民这一农业劳动主体使用羊鞭和草刀等农业劳动工具，运用牧草栽培技术等农业劳动技能，作用于牧场和羊群等农业劳动对象，生产羊肉这一农业劳动产品；养鱼，是渔民这一农业劳动主体使用鱼塘和料桶等农业劳动工具，运用养鱼技术等农业劳动技能，作用于鱼塘和鱼等农业劳动对象，生产鱼肉这一农业劳动产品；磨粉，是农工这一农业劳动主体使用石磨和米桶等农业劳动工具，运用磨粉技术等农业劳动技能，作用于石磨和稻米等农业劳动对象，生产米粉这一农业劳动产品；方形西瓜生产，是果农这一农业劳动主体使用方形模具和锄头等农业劳动工具，运用方形西瓜栽培技术等农业劳动技能，作用于田园和西瓜等农业劳动对象，生产方形西瓜这一农业劳动产品。它们都属于农业这一集合体。

基于此，农业的一切行为规范都要围绕农业这一产业来进行。农业劳动主体应具备农业素质，虽然未必面面俱到，但是具备农业某一方面的素质却是应该的。农业生产人员应对农业生产知识有一个基本的了解，能够接受新的农业生产知识，掌握基本的农业劳动技能，具备总结农业生产经验的能力；农技推广人员应受过专门的、系统的农业教育，具备农业推广能力、总结农业技术的能力；农业研究人员应受过专门的、系统的农业研究教育，具备研究农业、转化农业科研成果、抽象归纳能力；农业教育人员应受过专门的、系统的、高级的农业教育，具有渊博的知识，具有传授知识的能力；农业管理人员应受过专门的、系统的农业教育，具备农业管理、总结农业管理经验的能力；涉农人员应对农业知识和农业生产有所了解，具有较强的专业技能，具有服务于农业的能力。

农业劳动主体不但应具备这些农业素质，而且应将这些农业素质转化成相应的、规范的农业行为，发展农业产业。农业生产人员不但要种好现有品种，用好成熟技术和现成装备，而且当有新的品种、技术和装备出现的时候，应主动地、积极地去认识、了解，并加以引进、种植、探索、掌握；农技推广人员不但要指导农业生产人员种好作物，用好技术和装备，而且当有新的品种、技术和装备出现的时候，应主动地、积极地、大力地引进、试验、表证、示范、推广；农业研究人员应主动地、积极地、深入地不断研究和开发既适合市场又适应生态的新品种、既适应作物又适应自然的新技术和装备，以及既系统又实用的农业理论；农业教育人员应主动地、积极地、多维地将农业系统知识和新的研究成果传授给各种层次的农业劳动主体，培养研究的、教育的、推广的、管理的、生产的农业人才；农业管理人员应善于将相关机构及其人员组织起来，朝着一个共同的目标，充分地利用一切可以利用的财力、物力，有序推进，追求卓越；涉农人员应主动地、积极地从本身的职能出发，为农业的发展提供资金、物资、电力和交通等方面的服务。

农业素质驱动下的农业行为最终通过对农业劳动产品这一共同产品的生产来体现价值。这一价值的集中表现在于，农业所生产的农业物质产品能满足人类日益增长的物质需求，所生产的农业审美产品能满足人类日益提高的精神需求（主要是审美需求）。农业生产人员的生产目的、农技推广人员的推广目的、农业研究人员的研究目的、农业教育人员的教育目的、农业管理人员的管理目的、涉农人员的服务目的都是如此。

无疑，一切产业的文化都具有产业性，工业具有，流通业和服务业也具有。不过，工业也好，流通业和服务业也好，其产业的集合点都不是农业劳动产品，而分别是工业劳动产品和服务劳动产品。工业劳动产品是钢筋、水泥、电视机、热水器和汽车等，服务劳动产品则是交通服务、邮电服务、通信服务、商业服务和饮食服务等。

# 第三章　农业文化的形成

　　农业文化，是农业在产生、形成和发展的过程中积淀、形成的一种文化。那么，农业文化是怎样形成的？笔者认为，农业文化以积淀、制作和赋予的形式形成。

广州市莲花山上的这棵树，寄托了一批又一批游客的愿望

## 第一节　积淀的形式

　　与其他文化的形成一样，农业文化的形成也是一种积淀的过程。因此，揭示这一过程，不但可以了解农业文化的形式，而且可

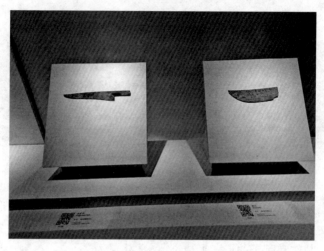

比铁器更早的骨器、铜器

以了解积淀的形式。

## 一、在时间中积淀

时间是有长度的。秒、分、时，日、月、年，都是计时单位。当都是 1 或 10 或 100 时，时间的长度由短到长依次是：秒→分→时→日→月→年。

由于时间长度不同，在其空间的事物也不同。比如，都是石头，在时间这一空间中，经历 1 年、10 年、100 年、1 000 年、10 000 年是不同的。除去由于日晒雨淋而导致的风化，其经历、见证的事物显然不同。在 1 年、10 年、100 年、1 000 年、10 000 年的空间中，只能分别经历、见证 1 年、10 年、100 年、1 000 年、10 000 年时空中发生的事物。或者可以说，经历 1 年、10 年、100 年、1 000 年、10 000 年的石头，分别积淀 1 年、10 年、100 年、1 000 年、10 000 年时空中的文化。

农业文化同样在时间中积淀。制作和使用于新石器时代的石锄、石刀和石斧等石器，距今约 10 000 年，积淀石器文化，积淀原始农业劳动工具文化，积淀原始农业文化，积淀原始社会文化。

显然，石锄、石刀和石斧等石器不但见证了距今约 10 000 年的石器制造和使用、工具的制造和使用，见证了原始农业和原始社会，而且经历了至今约 10 000 年的历史及所发生的各种各样的事件。

时间是农业文化积淀的一个要素。在这一要素中，时间的长度是关键。时间的长度愈长，积淀的农业文化愈浓郁，愈具文化、历史价值。都是石锄、石刀和石斧，旧石器时期制造和使用的就要比新石器时期制造和使用的历时更长久，积淀、形成的石器文化更浓郁，更有文化、历史价值；都是铁锄、铁刀和铁斧，几千年前制造和使用的则要比现在制造和使用的历时更长久，积淀、形成的铁器文化更浓郁，更有文化、历史价值。

## 二、在过程中积淀

任何事物在任一时空中的存在、运动和发展总是一个过程，不过，却往往是不同过程。如果说山岭、湖泊和建筑在时空中存在、运动和发展的过程是相对静止的话，那么，云朵、河流和汽车在时空中存在、运动和发展的过程是相对运动的；如果说汽车在笔直的公路上从此处到彼处是直线运动的话，那么，在弯曲的公路上从此地到彼地则是曲线运动；如果说汽车是在陆地上行走的话，那么，轮船就是在海洋上航行，飞机则是在天空上飞行。

事物在时间中积淀的价值主要体现在时间的长度上，在过程中积淀的价值主要体现在过程的方式上。闹钟，秒针每转一周是 60 秒，分针是 3 600 秒，时针是 43 200 秒，即时针每转一周，秒针转 720 周，分针转 12 周。这时，若以"转"来体现价值的话，分针是时针的 12 倍，秒针是分针的 60 倍、是时针的 720 倍。当然，这里的价值是"运动功"。

农业在其时空中的存在、运动和发展自然有其过程。无疑，农业涉及的范围非常广、内容非常多、时间非常长，因此，其过程是复杂的、多样的。不过，却可作如下归纳：一是不断满足人类需求的过程。任何人类的行为最终都是为人类服务的，农业这一人类的行为就更是如此。当人类的温饱问题未解决时，农业的主要功能是为人类提供食物；当人类的温饱问题解决了以后，农业的功能则是在继续为人类提供食物的同时，逐渐向生态、文化、审美、休闲、旅游等方向发展。二是不断发展进步的过程。农业在其发展历程中，尽管不时出现迂回曲折，但是，总的来说是不断向前发展的、不断进步的。农业动植物的品种愈来愈丰富，产量愈来愈高，品质愈来愈优良，卫生愈来愈安全，口感愈来愈适宜，外观愈来愈美观，更值得赞叹的是，与第二、三产业融合发展，在生产农业物质产品的同时，生产农业审美产品。三是不断与其空间要素互促互抑、共同发展的过程。农业的发展过程总是处于一定的空间中，无不受其要素的制约，而理想的发展自然应该是与这些要素互促互抑、共同发展。田园用养结合，既发展了生产，又保护了地力；机械的应用，既提高了效率，又拓展了工业的市场空间。四是不断周而复始的过程。动植物都是有生命周期的，农业生产也是有周期的，"造"是周期的主要标志。水稻从生根、发芽到扬花、结谷是一个周期，也是一"造"；甘蔗从蔗种萌发到工艺成熟同样是一个周期，也是一"造"；荔枝和龙眼等多年生果则有生命周期和年周期之分。周期、"造"的存在，就使得农业的过程呈现周而复始的现象。

农业在过程中积淀、形成的文化，其价值主要在于过程的规律性。因为规律性是事物运动的本质，揭示和掌握规律，对指导农业的发展具有积极的意义。二十四节气很好地反映农事在一年中的运动规律，掌握了这一规律，就意味着能科学地安排一年的农事活动，就能使农业生产符合自然规律，就能利用自然资源获取较好收成。

## 三、在沉淀中积淀

农业文化的形成，并不是对农业的原本复制，而是将其文化加以沉淀。

常识告诉我们，把一块石头放在静止的池塘中，石头会沉到水底；把石头放在流动的河溪中，石头也会沉到水底。把一铲沙子放到静止的池塘中，沙子会沉到水底；放到流动的河溪中，沙子也会沉到水底。把一铲沙泥混合物放进静止的池塘中，沙泥混合物会沉到水底；放进流动的河溪中，沙子也会沉到水底，但泥土则会被冲走。把一铲沙子、泥土、树叶混合物倒进静止的池塘中，沙子、泥土会沉到水底，树叶则会浮在水面；倒进流动的河溪中，沙子也会沉到水底，但泥土、树叶则会被冲走，且泥土被混合在水中冲走，树叶被浮在水面冲走。这就是石头、沙子、泥土、树叶在静止的池塘和流动的河溪中的沉淀。它表现出：无论在静止的池塘中还是在流动的河溪中，石头、沙子都会沉淀；泥土只在静止的池塘中会沉淀，在流动的河溪中就会被冲走；无论在静止的池塘中还是在流动的河溪中，树叶都不会沉淀；无论是沙泥混合物还是沙子、泥土、树叶混合物，沉淀的只是会沉淀的，不能沉淀的是不会沉淀的。

通过这一现象可以看到：在农业产生、形成和发展的过程中，只有能够形成文化的才可以沉淀下来；农业文化的沉淀、形成是有条件的，在不同的条件下，能够沉淀、形成的文化是不同的。比如，土糖寮是昔日的榨蔗制糖设备，沉淀下来的并不是土糖寮本身，而是其文化。那么，什么是土糖寮的文化？笔者认为，土糖寮的文化应该是：作为人类手脚延伸，利用杠杆原理，通过石绞等构件的运动，榨蔗取汁制糖的设备。

土糖寮在沉淀其文化的时候，同样受到外界环境条件的制约。事实上，我们现在所看到的土糖寮，都是仅剩下石绞的土糖寮，主寮、牛寮、煮糖的灶、打糖的床以及绞杆等都已在长年累月的日晒雨淋的作用下腐烂、消失了。笔者在主持徐闻县广安民俗馆布展的时候，就曾雇请老木工修复了一个土糖寮。不过，这些土糖寮已不是生产意义的用来榨蔗取汁制糖的土糖寮。可见，沉淀、形成的土糖寮文化往往仅以石绞的形式存在和表现。

## 四、在过滤中积淀

农业文化的形成，不是对农业的原本复制，而是对其进行选择、过滤后将其文化加以积淀。

当用一口大水缸盛满水，然后将一铲沙子放到水缸里，沙子会全部沉到缸底。如果用筛子先将沙子"筛"一下，较粗的沙子便会被"筛"出来，较细的沙子则会通过筛子。这时，若将通过筛子的较细的沙子放到水缸里，这些沙子便会沉到缸底。显然，筛子的孔愈小，能够通过的沙粒愈小，沉到缸底的沙粒愈小，能够沉到缸底的沙子愈少。

这是沙子在水缸中的沉淀情况。它表明：沙子完全可以沉到缸底，但在筛子这一外力的作用下，能够沉到缸底的只是那些能够通过筛孔的沙子，随着筛孔变小，能够通过筛孔而沉到缸底的沙子愈来愈少。

此处所说的沙子在水缸中的沉淀，与前文所说的石头、沙子、沙泥混合物等的沉淀同样是沉淀，却是本质不同的沉淀，前者是经过过滤的沉淀，后者则是不经过过滤的沉淀。

过滤物既有自然的，也有人为的。当过滤物为自然的时候，过滤是一种自然选择的过程；当过滤物为人为选择的时候，过滤则是一种人为选择的过程。上面所说的沙子在水缸中的过滤，筛子这一过滤物是人为制造和使用的，因此，是一种人为选择的过程。其实，自然选择也是存在的。当流溪中无意地掉有一些网织物的时候，这里的网织物可视为自然物，这时从上游流向下游的物体就必须受到网织物的过滤，能过去的继续随着溪水流向下游，不能过去的则就此沉淀下来。

农业文化在形成的过程中也存在着自然过滤和人为过滤。前文提到的土糖寮至今仅存下石绞，即这些土糖寮在形成土糖寮文化的过程中，都在自然的、人为的作用下（这时的人为作用是无意识的，准确地说，是无意识使其受损，如对绞杆的磨损）发生了变化，当然也可以叫作自然过滤。这一自然过滤的结果应该说是不理想的，因为它让我们看到的是：土糖寮榨蔗取汁制糖是石绞压榨蔗料。因此，完整的土糖寮文化应该是：利用主寮、牛寮、石绞、绞杆、灶、床和牛等设备，通过压榨、煮炼、蒸发和澄清等工艺，榨蔗取汁制糖。可见，经过过滤的土糖寮文化，不但不完整，而且容易使人误读。

接着讨论农业文化在形成过程中的人为过滤。其实，这很容易理解，就是农业在人为的作用下朝着人们期望的方向发展。当我们走进现代化的大工业糖厂，将眼光投向那些厂房和设备的时候，我们会看到那些压榨车间、煮炼车间、蒸发车间和澄清车间等车间里的压榨设备、煮炼设备、蒸发设备和澄清设备，看到蔗糖的生产流程及其工艺。此时，我们的头脑中若出现先前所见过或了解过的土糖寮时，我们自然会得出这一结论：现代化大工业糖厂完全源于土糖寮，只不过是土糖寮在设备上、工艺上的延续和进步。这时，当我们回到农业文化上，我们自然从制糖设备、工艺的进步，理解农业文化在人为作用下的积淀。

## 五、在诉求中积淀

文化是风土人情、传统习俗、生活方式、文学艺术、行为规范、思维方式、价值观念等，是凝结于物质之中又游离于物质之外的精神产物。因此，文化的形成是人类的诉求。

作为人类的诉求，文化就应该符合人类的需求，满足人类的愿望，适合人类的行为，得到人类的认同。脱鞋入屋，是一种再简单不过的行为规范，也可以说是一种文明行为，还可以说是一种生活文化。它表达了人类爱卫生、爱清洁的诉求。但是它的发展、普及却是一个渐进的过程。

农业文化形成、积淀的过程自然也是人类诉求的过程。显然，人类对农业文化的诉求集中表现在：农业在发展的过程中，能够将有利于人类的文化积淀下来，也就是将能满足人类对农业物质需求和精神需求的文化积淀下来。

方形西瓜与传统的圆形或椭圆形西瓜在营养上、品尝上并没有太大的区别，只是在形状上从传统的圆形或椭圆形变成方形。不过，仅此就足以使其具有审美意义，从而吸引消费者的眼球，引发消费者的需求。实际上，方形西瓜的栽培主要在于方形模具的使用。可见，方形西瓜文化的产生、形成完全在于人类对西瓜审美的诉求。

农业文化在时间中的积淀、形成，积淀下来的是时间的长度；

在过程中的积淀、形成，积淀下来的是不同时期的存在及其变化；在沉淀中的积淀、形成，积淀下来的是能经受得起岁月沧桑的东西；在过滤中的积淀、形成，积淀下来的是能够避开自然和人为影响的那一部分；在诉求中的积淀、形成，积淀下来的是人为意识行为的支配下有利于人类需求的精髓。比如，就石锄来说，在时间中的积淀、形成，积淀下来的是对农业发展特别是农业工具发展上万年历史的见证；在过程中的积淀、形成，积淀下来的是从旧石器时期到新石器时期各种款式的变化；在沉淀中的积淀、形成，积淀下来的是以石料锄刀为存在和表现的石锄文化；在过滤中的积淀、形成，积淀下来的是以理想的石料锄刀为存在和表现的石锄；在诉求中的积淀、形成，积淀下来的是利用杠杆原理，作用于田园表土，能够尽可能好、尽可能快地疏松土壤的工具。

# 第二节　制作的形式

积淀是形成农业文化的主要形式，但是，在现实中，也完全可以通过制作的形式形成农业文化。一般来说，制作的形式有物理制作、修剪制作、雕刻制作、化学制作、装饰制作和园艺制作。下面逐一论述。

十二生肖

## 一、物理制作

物理制作，就是通过外力使农产品、农作物、农业劳动工具和农民生活用具等物体改变成具有一定文化意义的形状。

最简单的物理制作莫过于将这些物体排成具有一定文化内涵的图案。如将桃子排成"桃"字、"寿"字，将李子排成花、鸟图案，将菠萝垒成塔、圆柱。如果说"桃"字、"寿"字分别具有"桃树""长寿"的文化内涵的话，那么花、鸟图案则分别具有"花儿""鸟儿"的文化内涵，塔、圆柱分别具有"金字塔""顶梁柱"的文化内涵。

也可通过棚架将这些物体改变成表达一定文化意义的景物。如先将棚架做成鼠、牛、虎、兔、龙、蛇、马、羊、猴、鸡、狗、猪的形状，再种植葡萄树，使其爬上棚架，这样，这 12 棵葡萄树就表达了"十二生肖"的文化意义；先将棚架搭成七级阶梯，再将盆景苹果排放上去，这一阶梯就表达了"救人一命，胜造七级浮屠"的文化意义；先将棚架建成迷宫，再将盆景蔬菜置于其上，这一迷宫就表达了"蔬菜迷宫"的文化意义。

还可通过模具等器具的作用将这些物体变成表现一定文化意象的东西。比如，方形西瓜就是在圆形西瓜小的时候给其套上方形模具，使其在不断膨大的过程中逐渐变成方形。方形西瓜可给人以"方正"的文化意象。

## 二、修剪制作

修剪制作，则是通过剪刀等器具的作用，使作物植株表现出文化内涵的形状。

与物理制作一样，修剪制作也是通过形状来存在和表现文化。但是，却有两点不同：一是修剪制作的对象主要是作物植株，而物理制作的对象除作物植株之外，还有农产品、农业劳动工具和农民生活用具等；二是修剪制作在作用于对象的过程中多多少少都会破坏对象的组织或器官，而物理制作则不破坏。

修剪制作最理想的对象应是灌木水果和树木，如石榴、黄皮、青枣、桃树和马樱丹等。这些水果和树木一般植株不高，枝、权、叶较多，枝、权较小，修剪起来既简单，也容易成形。

修剪制作可将灌木水果和树木修剪成各种形状，表现人类期望的相应文化。可修剪成圆形，也可修剪成方形，还可修剪成鼠、牛、虎、兔、龙、蛇、马、羊、猴、鸡、狗、猪等形状。

对农作物来说，修剪制作并不完全是为了造型、为了文化、为了审美，而应该在确保生产农业物质产品的同时，生产农业审美产品，表现农业文化。荔枝修剪树冠成半球形就很好地做到了这一点。半球形的树冠不但使树形变美，而且由于枝、权、叶、花、果分布均匀，受温、光、水、气、热作用均匀，加上单位面积变大，产量更高，从而使审美性与生产性得以统一。这里的半球形自然能表现"圆满"这一文化内涵。

盆景苹果等盆景作物的制作是目前比较成功的修剪制作。盆景苹果，就是用花盆来栽植苹果，通过修剪制作，不但使其像盆景一样富有艺术造型，能够表现"丰收在望"等文化内涵，而且使其像园栽苹果一样，每株能挂果15~25个。

## 三、雕刻制作

雕刻制作，是运用雕、刻、塑艺术对相关物体进行处理，形成具有农业文化意象的工艺品。

雕刻是一门艺术，用石膏、树脂、黏土等可塑材料或木材、石头、金属、玉块、玛瑙等可刻材料，创造出具有一定空间的可视、可触的艺术形象。

显然，雕刻在农业文化制作中的运用包含两个方面：一是处理农业物体，二是处理非农业物体。尽管对象不同，但是，归宿是相同的，那就是使它们具有可以存在和表现一定农业文化内涵的艺术形象。

对农业物体的处理，主要是对较硬的农业物体进行雕和刻。对于木料、竹料或用木料、竹料制作成的锄头、镰刀、牛车等，想雕、刻什么图案就雕、刻什么图案，文化内涵自然随着图案的存在和表现而存在和表现。值得提及的是，已经有人运用微雕技艺，在黄豆上雕刻"金陵十二钗"的图案，而且是那样栩栩如生。

对非农业物体的处理，与一般雕刻处理的对象基本相同，当然，也可采用雕、刻、塑艺术，不同的是所雕、刻、塑的图案必须表现农业文化。可用石头来雕刻神农氏的雕像，以表现"神农时代"之农业；可用石膏来雕、塑都江堰，以表现古代著名的水利工程；可用玉块来雕、刻五谷杂粮，以表现农业文化。目前在乡村建设中比较多见的是用锄头、镰刀和犁头等传统的农业生产工具的塑像来作村牌或路牌，用浮雕的形式来表现锄地、插秧和戽水等农耕文化。

在农业文化的雕刻制作中，最值得探索和追求的是利用农产品来雕刻各种富含文化内涵的艺术形象，也就是上面提到的在黄豆上雕刻"金陵十二钗"之类。这些能很好地表现农业与艺术的结合，表现农产品的文化。

## 四、化学制作

化学制作，指的是通过化学处理，使农业动植物凸显出一定文化内涵的文字或图案。

说到化学制作，自然要提及长字苹果。长字苹果，就是利用贴字技术，使苹果"长"出字来。具体的，当苹果未成熟时，在苹果表皮贴上文字，通过光线的作用，由于文字部分和没有文字部分所受作用不同，也就是化学反应不同，从而呈现出文字来。显然，长字苹果要凸显的文化内涵，完全在于其所"长"出的文字。当其所"长"出的文字为"福""寿""禄"时，其所凸显的文化就是"幸福""长寿""吉祥"；当其所"长"出的文字为"生""日""快""乐"时，其所凸显的文化则是"生日快乐"。

其实，化学制作并不限于贴字技术，还应有其他通过化学反应来凸显文化的化学方法。不过，由于笔者知识所限，对其他尚未了解。但有一点必须值得注意，那就是，化学方法的利用，绝不能导致食品安全问题。

## 五、装饰制作

装饰制作，指的是通过对农业动植物及田园装以相应的饰物，使其表现一定的文化内涵。

每到圣诞节，圣诞树上都会挂满红包和彩灯。这就是装饰，就是用红包和彩灯来装饰圣诞树。这启示我们，农业动植物及田园完全可以通过装饰相应的饰物，表现一定的文化内涵。

其实，农业动植物及田园早就存在装饰，且这些装饰都有其目的和用途。在稻田插放稻草人，是为了赶鸟，以免鸟儿来吃稻谷；在全收或部分收的田园插放路兜簕叶结，是为了告诉路人，田园里的作物及其农产品，不能随意拿走；在香蕉的蕉蕾上套上袋子，是为了防寒和防虫；在马身上安放马鞍，是为了便于坐骑，稳定身躯；在马头上挂大红花，是为了表现光荣等。这些装饰都会起着装饰农业动植物及田园的作用，这时便实现了功能与审美的统一。

这些其实也是文化，准确地说，是农业生产文化。当成为美观的饰物的时候，从文化的角度来看，这些则实现了功能、文化与审美的统一。

## 六、园艺制作

园艺制作，指的是用园林艺术的方法，营造田园景观，表现农业文化。

园林艺术既是工程，也是艺术。采用工程技术和艺术手段，通过改造地形、种植花草、营造建筑和布置园路等途径，将植物、动物、山水和建筑等要素有机地排列和组合，创造出存在和表现园林美的自然环境和游憩场所。

园艺制作其实就是田园园林化。所谓田园园林化，就是以田园为载体，应用园林工程技术，运用园林艺术手段，对农业动植物和田埂、沟渠、林带、树木、田园房屋、生产设施等构成要素，按照美学规律，进行合理的排列和组合，达到园林的艺术效果，实现农业物质产品和农业审美产品双丰收的目的。

在园艺制作中，目前比较简单、成功的是制作稻田字。稻田字主要通过水稻不同品种的叶色、谷色的不同在稻田上组合成文字。比如，贵州省安顺龙宫景区是一个国家 AAAAA 级风景区，景区内普通水稻和黑糯米水稻套种了一个植物汉字"龙"，其造型拓自唐代著名书法家怀素的草字。这既是水稻生产，也是书法艺术。显然，稻田字既可是"龙"字，也可是其他汉字，还可是其他文字；水稻可制作成田园文字，其他作物也可制作成田园文字。

在园艺制作中，成功的案例既有稻田字，也有稻田画。尽管一个是字，一个是画，但原理和方法是相同的。比如，在沈阳市，稻农用9种不同颜色的彩色水稻植造成巨幅稻田画《孙悟空大战哪吒》。这些稻田既在生产着稻谷，也在通过栩栩如生的图画，说述孙悟空大战哪吒的故事。显然，稻田画既可说述这一故事，也可说述孙悟空其他故事，还可存在和表现其他图案。

在园艺制作中，园林型田园是最接近园林的。比如，中国菠萝第一镇位于广东省徐闻县曲界镇，5 万多亩的菠萝分布于高低起伏的低丘缓坡上，宛如"菠萝的海"一般，既在生产着菠萝，也在吸引着游客。这里既是全国最大的镇级菠萝生产基地，也是徐闻县、湛江市、广东省的旅游目的地。园林型田园建设方兴未艾，一个个农业公园、美学农业园区使其变成现实。

## 第三节　赋予的形式

农业文化的形成还可通过赋予的形式。所谓赋予的形式，就是

洗心池

人们出于某种目的，对某些物体赋予某种文化的内涵。

## 一、赋予的原因

人类的一切行为都是意识或潜意识驱动的结果。如果说起床、写文章是意识行为的话，那么，打瞌睡、写错别字则是潜意识行为。

起床、写文章也好，打瞌睡、写错别字也好，都是有原因的。起床，睡眠已足，需要起来开始生活、从事工作；写文章，需要表达的思想用文字表达出来；打瞌睡，的确疲劳，需要闭闭眼睛，休息一下；写错别字，潜意识驱动下要写出来的文字。

那么，赋予某些物体以某种文化的原因是什么？首先，这些物体能够成为某种文化的象征。比如，蒙古草原狼机智、勇敢、威猛，富有组织性、团队性、战略性。当地人民在长期的生活和生产实践中，逐渐对蒙古草原狼产生一种仰慕，升华成一种图腾——狼图腾。久而久之，蒙古草原狼成为当地的一种文化象征。其次，人类总有一些不便于让外人知道的内心秘密。谁都有隐私，只是所"隐"之"私"是什么和有多少的问题。尽管是隐私，有时却又希望能够倾诉，不然，压在"肚子"里更不好受。这样，只能找不会泄密也泄不了密的物体来倾诉。显然，这样的物体自然是那些被赋予了某种文化内涵的物体。这些物体不但能"听"倾诉者倾诉，而且能帮助倾诉者获得其所希望的答案。最后，人类总有一些想不通、解不开的烦恼之事。由于受知识的局限，人类的认知能力是有限的，以致世间仍存在着许多无法认知的问题，这些问题大到大千世界，小到家庭琐事。基于此，人们总是在千方百计地寻找解决的方法，科学研究就是其中之一。对于村民来说，更愿意的是赋予某些物体以文化内涵，并借其解决问题。

## 二、赋予的对象

在农业文化赋予中，并不是什么物体都赋予，而是只赋予那些可作为某种文化象征的物体。

在现实中，农业文化所赋予的对象都是看得见、摸得着的实在之物。一说到此，人们很自然地想到十二生肖所赋予的对象：鼠、牛、虎、兔、龙、蛇、马、羊、猴、鸡、狗、猪。的确，除龙尚且存在争议外，其他都是实实在在存在的动物。当然，农业文化所赋予的实在之物除了这些之外，还有其他动物、植物和石头等。

农业文化所赋予的对象不但是实在之物，而且是特殊的实在之物。所谓特殊，"特"在新、奇、珍、稀。新，就是新鲜；奇，就是奇怪；珍，就是珍贵；稀，就是稀有。对树木来说，就是古树名木。村庄的"风水树"，往往是全村最古老、最高大的名木。在热带地区的村庄，树种往往是榕树、樟树、酸豆树。其实，选择这些树木作为"风水树"，即使从十分浅白的角度来看，也可以理解：正是由于"风水"好，这些树寿命才这么长，才长得这么高大、这么枝繁叶茂！

农业文化所赋予的对象与被赋予的事物往往相似。十二生肖体现了相似性，体现在：属鼠、牛、虎、兔、龙、蛇、马、羊、猴、鸡、狗、猪的人，也就是生于子、丑、寅、卯、辰、巳、午、未、申、酉、戌、亥年的人，其性格有点像其所属的动物。农业文化所赋予的对象，相似性存在于动物中，也存在于植物和石头等物体中。形似夫妻的树木，叫"夫妻树"；形似情侣的树木，叫"情侣树"。树木更是寄托着人们对风调雨顺、农业丰收、人畜繁衍的生态期望。

一般来说，农业文化所存在和表现的对象都能为某一群体所赋予并认同。十二生肖的群体是整个中华民族，"风水树"则是其所在村庄的所有村民。

### 三、赋予的内容

赋予的形式形成的农业文化完全在于人类的赋予，因此，其内容完全取决于人类的期望。人类的期望是无穷无尽的，这样，赋予的内容也可是无穷无尽的。一般来说，人类赋予的内容主要有以下几个方面：

平安。平安是人类生存和发展的最基本需求之一。人类格外希望生活在平安之中，并希望得到赋予了这一文化内涵的物体的护佑。

钱财。钱财是人们生存和发展的基础。对绝大多数人来说，钱财是生活之必需，生活质量水平取决于钱财的多少；对企业家、实业家来说，钱财还是生命价值的体现。因此，追求钱财成为人们的共同追求。当钱财不足的时候，这种追求显得更为强烈；当追求钱财的能力不够的时候，这种追求往往变为对他物的寄托。

升学。升学是人们获取知识、走向成功的阶梯，特别是大学升学往往是人生的转折点。人们非常看重升学，总是希望能考上名牌大学，以期为一生的成功打下基础。人们的这一愿望往往寄托于文化物体之中。

就业。就业既是获取生活来源的途径，也是施展抱负的平台。因此，能否就业和在哪里就业就显得十分重要。在纷繁复杂的社会环境中，就业受到各种各样因素的制约，从而使得就业特别是理想就业不尽如人意。不少人企图借助文化物体的帮助来实现理想就业。

婚姻。有一种说法，认为人生的成功主要表现在两方面：一是事业成功，二是婚姻美满。笔者很赞成这一说法。婚姻关系到人的一生一世。婚姻美满，意味着生活有情趣，事业有帮助。因此，人们都希望找到一个如意的伴侣。这样，寻找寄托就成为自然的了。

家庭。家庭既是个人的港湾，也是国家的细胞。"家和万事兴"，人们都希望生活在和睦的家庭中，使家庭成员的个性张扬和人生追求能够统一于家庭关系和利益之中，并在和睦的氛围之中存在和表现。这一希望和努力往往就包含在文化物体的希冀之中。

事业。事业是人生价值的主要体现。不同人的价值观不同，所追求的事业也不同。科学家主要追求未知问题的探索，实业家则主要追求实业的发展，农民主要追求田园的耕耘。然而，不管是什么事业，总会遇到这样那样的挫折。人们总是希望一帆风顺，希望挫折尽可能地少，并往往将这种希望寄托于文化物体之上。

消灾。在现实生活、生产中，总会遇到这样那样的天灾人祸，如天气干旱、洪水泛滥、寒潮袭击、大雪覆盖、森林起火和飞机失事等。这些有人为造成的，但更多的却是不可抗力造成的。当这些灾害降临的时候，抗灾救灾是必要的，也是科学的、有效的。

# 第四章 农业文化的历程

农业文化伴随着农业的产生而产生，伴随着农业的发展而发展。农业从诞生至今已有 1 万多年的历史。在这一漫长的历史中，农业文化主要经历了原始农业时期、传统农业时期和现代农业时期。

原始人类的生活与生产开启农业文化之旅

## 第一节　原始农业时期

原始社会的原始农业是最早的农业形态，也是历时最长的农业

广州市飞鹅岭新石器时期遗址

形态。原始农业的产生、发展积淀了原始农业文化。

## 一、原始农业时期的时段

　　农业的产生、发展是一个过程，农业工具的制造和使用也是一个过程，农业技术的研究和推广同样是一个过程。某一形态农业的存在、发展往往伴随另一形态农业的存在、发展，某类农业工具的制造和使用也往往伴随另一类农业工具的制造和使用，某种农业技术的研究和推广同样伴随另一种农业技术的研究和推广。农业及其文化的发展时期是可以界定的。一般来说，原始农业时期的时段是从石器的制造和使用到铁器的制造和使用。

　　众所周知，在青铜器出现以前，人类已制造和使用石器200万～300万年，而人类制造和使用新石器却仅有1万多年。新石器对石料进行选择、切割、磨制、钻孔、雕刻，使其形制合理，用途专一，刀刃锋利，特别是由于钻孔的成功和成熟，使加装木料或竹料作柄成为可能，从而能够很好地利用杠杆原理，加大作用的力度，减轻劳动的强度。单孔石锄就是这一时期石器的典型代表。人们公认的农业生产活动就始于新石器时期，也就是约1万年前。当然，这一公认并不是凭空想象的，而是得到河姆渡等遗址的挖掘和研究的佐证。因此，可以说，原始农业诞生于约1万年前的新石器时期，也就是诞生于新石器的制造和使用。

明确了农业文化原始农业时期时段的起始时间之后，在此讨论终止时间。世界上人工炼铁始于公元前1400年，我国于公元前1300年前开始使用铁器，公元前800年的虢国玉柄铁剑则是我国进入铁器时代的标志，而铁器在农业生产中的应用则是战国（公元前475年—公元前221年）中期以后。《管子·轻重己》关于农具的记载和临淄商王墓地三座墓中出土的103件铁器则使此成为客观实在。由此可见，铁器在农业中的制造和使用应始于公元前475年—公元前221年。也就是说，原始农业时期始于公元前1万多年前，终于公元前475年—公元前221年。

## 二、原始农业文化的主要存在和表现

在此，仅谈原始农业文化中主要的、有代表性的存在和表现。

石器的制造和使用是农业文化原始农业时期时段起始的标志，也是原始农业文化的主要存在和表现。基于农业的石器包括石锄、石刀和石斧等农业工具。这些工具既各有功能，又有多种用途。石锄，具有锄地的功能；石刀，具有砍蔗的功能；石斧，具有劈柴的功能。不过，石锄也可用来挖穴、起畦和开沟等，石刀和石斧等石器一样也有其他功能。石锄、石刀和石斧等石器是人类最初制造和使用的农业工具。它们见证了农业及其工具的发展历史，宣告了人类的手脚是可以延长的、增强的，说明了杠杆原理是客观存在的、可以利用的，彰显了农业工具的存在和进步是农业的有效途径之一，形成了农业工具的源泉。

农业的存在和发展既离不开工具，也离不开技术。在原始农业中，最主要的技术是刀耕火种。刀耕火种，就是在长满树木和杂草的地方，在播种前将树木和杂草砍除，待其晒干后放火焚烧熟土，利用灰烬作肥料，然后开穴下种，并任其自生自长。所下之种往往是多种作物。这样，既可采收多种作物，又可一年四季采收。

刀耕火种这一最初的农业技术预示着农业技术的开始；表明了自然资源不但可以改造，而且可以通过技术的作用变得更适宜农业动植物的生长发育；说明了熟土更适宜农作，植物的灰烬可作肥料，肥料可促进农作物的生长发育。

### 三、原始农业文化的特征

原始农业是落后的、简单的，原始农业文化自然也是落后的、简单的，往往表现出以下特征：

原始。原始农业，一切都是原始的。田园，是不经过熟化、犁耙的自然土；作物，是不经过栽培驯化的野生植物或源于野生植物的栽培作物；工具，是石锄、石刀和石斧等石器；技术，是刀耕火种；认识，十分肤浅，几乎停留于表观层面。由此，导致农业往往处于神秘的状态，特别是当发生风灾、水灾、寒灾和病虫害的时候，总是认为有一种神秘力量在作用，从而出现求雨等蒙昧的行为。

简单。原始农业既是原始的，也是简单的。工具，是用天然的石头来制造；技术，也十分简单；产业，几乎仅限于栽培和狩猎。从广度上说，原始农业文化仅局限于这些简单事物的积淀；从深度上说，原始农业文化也仅局限于这些简单事物所涉及层面的积淀。

原生。原始农业，人类的作用力和改造程度均较小，即被作用、改造的事物基本保持原有状态，田园与自然土、石器与石头、作物与野生植物、农业生产与天然果实区别都不大。也就是说，原始农业十分原生，原生的原始农业积淀、形成的原始农业文化也十分原生。众所周知，普通栽培稻是普通野生稻经栽培驯化而成的，当时它们的形态特征和生理特征基本相同。因此，当时的稻文化自然十分原生，普通栽培稻文化基本可以等同于普通野生稻文化。

模仿。在原始农业中，存在着模仿人类生活、生产或动物生活的现象。显然，存在模仿的原因主要是原始人类的文化、艺术素质还较低，还未达到抽象地、艺术地将人类的生活和生产活动提炼成艺术语言的水平，只得模仿人类生活、生产或动物生活的动作。比如大家所熟知的象形文字，"猪"字像猪，"鸡"字像鸡，"狩猎"也像狩猎。最具文化意义的则是民间歌舞，是对动物动作的模仿。不少民间歌舞特别是那些原生态很强的民间歌舞，至今演员的表演动作仍可看到明显的动物动作的痕迹，如花鼓舞等。

# 第二节 传统农业时期

传统农业是最具传统意义的农业形态，也是最具地方特色的农业形态。它的产生、发展积淀了传统农业文化。

## 一、传统农业时期的时段

传统农业时期的时段应该是从铁器的制造和使用到动力机械的制造和使用这一时期。传统农业时期的起始时间自然应为公元前475年—公元前221年。

机器大工业始于18世纪的英国。其最大特点是以机器和机器体系从事社会化大规模生产，关键是动力机械的制造和使用。1776年，英国的詹姆斯·瓦特在前人研究的基础上，发明了更具实用意义的新型蒸汽机并应用于实际生产，特别是在机器制造行业上应用，从而拉开机器大工业革命的序幕。1856年和1873年，法国的阿拉巴尔特和美国的帕尔文分别发明了最早的蒸汽动力拖拉机。1889年，美国的查达发动机公司制造出了世界上第一台使用汽油内燃机农用拖拉机——"巴加"号拖拉机。20世纪初以来，以内燃机为动力的拖拉机逐渐普及农业的各个领域，包括犁耙、种植、中耕、除草、施肥、排灌、植保、收获、加工和运输等；同时，逐渐拓展出各种类型的动力型农业机械。可见，传统农业时期终止于19世纪末20世纪初。

因此，可以说，传统农业时期始于公元前 475 年—公元前 221 年，终止于 19 世纪末 20 世纪初。

木水桶

## 二、传统农业文化的主要存在和表现

相对原始农业及其文化来说，传统农业及其文化要先进、复杂得多，在此仅讲述其主要的、有代表性的存在和表现。

铁器的制造和使用是农业文化传统农业时期时段起始的标志，也是传统农业文化的主要存在和表现。

就功能来说，铁锄、铁刀和铁斧等铁器与石锄、石刀和石斧等石器并没有什么两样。石锄和铁锄都具有锄地的功能，石刀和铁刀都具有砍蔗的功能，石斧和铁斧都具有劈柴的功能，石锄和铁锄都可用来挖穴、起畦和开沟等。

就组成和造型来说，铁锄、铁刀和铁斧等铁器与石锄、石刀和石斧等石器也很相似。虽然与最初或旧石器时期的石锄、石刀和石斧等石器相比，在组成和造型上都很不同，但是，与新石器时期特别是新石器时期后期的石器、石刀和石斧等石器相比，则都很相似。铁锄和石锄都由锄刀和锄柄构成，都是头弯柄直。

就材料来说，铁锄、铁刀和铁斧等铁器与石锄、石刀和石斧等石器就不同了。铁锄、铁刀和铁斧等铁器用的材料是铁，石锄、石刀和石斧等石器用的材料是石。铁比石更坚硬、耐用，加上可塑性强，可经过加工变得比石更锋利。材料的改变，大大地增强锄、刀、斧等工具的硬度和锋利度，或者可以说，使人类手脚得以延伸，作用的力度得以增强。

铁锄、锄刀和铁斧等铁器的制造和使用，不但见证了传统农业及其工具，而且说明了农业工具是可以进步的，是可以通过制造材料的改变获得进步的，而进步的结果是劳动效率的提高和劳动强度的减轻。

在传统农业中，技术同样起着重要的作用。如果说原始农业的技术还比较单一的话，那么传统农业的技术就比较多样了。在此，仅介绍区田法和代田法。

区田法，是汉代推行的一种农作法，由农学家氾胜之在关中地区总结并推广，分两种。一种是沟状区田，即将田园分成若干个长、宽一致的町，町间留路，每町做成若干个长、宽一致带状低畦的区，区中种植若干行作物。另一种是窝状区田，即在田园上等距离地做成若干边长一致的方形浅穴，也就是区，区中种植若干株作物。沟状区田也好，窝状区田也好，区内都进行深耕细作，合理密植，集中施肥，适时灌溉，加强管理，加上区稍低于地面，十分有利于蓄水保墒，因此，即使遇上干旱，作物也能够健康成长，丰产丰收。在推行区田法的过程中，为了休耕养地，培养地力，有的地方、有的农户往往种一区、空一区，逐年轮换。

代田法，也是汉代推行的一种农作法，由赵过推行。其特点是在田园中开沟起垄，沟垄相间，作物种于沟中；沟垄逐年轮换，今年之沟为明年之垄，今年之垄为明年之沟。由于沟低垄高，利于蓄水保墒和防风抗旱，加上精耕细作，利于作物生长发育；再加上沟垄互换，实行休耕、轮作，有利于用地养地。由此，使作物产量高于一般田园。

区田法也好，代田法也好，作为一种技术，都表达了：技术是可以不断进步的，它们都比刀耕火种进步；自然资源是可以改造的，改造的目的是使其更适应农业动植物生长发育的要求，这也是技术存在的意义；蓄水保墒，可增强田园的抗旱能力；休耕、轮作，可保持田园的生产能力；精耕细作，是提高作物产量的有效途径。

### 三、传统农业文化的特征

文化是延续、传承的，传统农业文化是原始农业文化的延续、传承。传统农业文化表现出以下特征：

习俗。顾名思义，习俗就是习惯形成的风俗。习惯，则是一而再、再而三的重复行为。到了传统农业时期，人类的认识水平已达一定高度，相比于原始农业时期来说有了质的飞跃，铁锄、铁刀、铁斧的制造和使用以及区田法、代田法的发明和推广足以证明这一点。因此，这一时期的人们脱离了蒙昧。但人们的认识水平还受到局限。这时的人们更多表现出来的行为就是随大流，大家做什么我也做什么，大家怎样做我也怎样做，久而久之就成为一种习惯，一种风俗。在雷州半岛，春节前习惯用竹叶扫尘，风俗是竹叶。不过，在笔者看来，这完全是基于：竹子较长，竹枝较硬，竹叶较繁，打扫房屋特别是屋顶较方便、干净，过去乡村基本上都是茅屋，用竹叶来打扫更合适，久而久之，人们就习惯用竹叶来扫尘，并形成风俗。这是生活方面的习俗，稻草人则是生产方面的习俗。稻草人，取材容易，制作容易，可起到人赶鸟的作用。

规范。由于传统农业文化往往是习惯行为在一个相对较长的时空中逐渐形成的，因此，比较规范。规范往往表现出程序性和认同性。所谓程序性，就是这一行为总是按照一定的步骤和流程进行。所谓认同性，就是这一行为得到大家的共同认可和遵循。求雨，也叫祈雨，是一种为了解除作物干旱而进行的仪式。这一仪式遍及于世界许多国家。我国的求雨仪式各地有所不同，下面是彝族古老的求雨仪式：第一步，在毕摩的主持下，选择寨子附近最高的山顶作场地，选择山顶上最大的树木作"龙树"，选择一名强壮小伙子扮"龙王爷"；第二步，在"龙树"下设祭坛、摆祭品；第三步，毕摩念"求雨经"，"龙王爷"在"龙树"上泼"雨水"，其他参祭人员跪在祭坛前默念祈雨；第四步，吃祭餐；第五步，毕摩引路，"龙王爷"坐轿，其他参祭人员尾随而归。由此，可见求雨之规范。

根深蒂固。由于这一时期人们的认识水平较高，加上所形成的农业文化获得人们的共识，因此，传统农业时期形成的传统农业文化较为根深蒂固。根深蒂固往往表现出：这种文化的形成是长期的，是融入生命的，代代相传，从内容到形式都不易改变。过春节，贴对联，放鞭炮，吃团圆饭，辞旧迎新，都是中华民族的传统文化。生活方面是这样，生产方面也是这样。区田法、代田法都已被更为先进的栽培技术所取代了，但是它们所倡导的精耕细作、合理密植和用养结合等农业文化不但一直沿袭下来，而且渗透到更先进的栽培技术之中，发扬光大。如果说在甘蔗栽培中的机械深松耕技术是精耕细作的继承和发扬，那么，甘蔗与花生的间套种技术则是用养结合的继承和发扬。

抽象。到了传统农业时期，人类已具备抽象思维能力，能够用抽象的东西来表达文化。比如，大家所熟悉并值得一提的应是汉字，汉字由象形文字变成繁体字再变成简体字。关于抽象，生活方面是这样，生产方面同样是这样。秦汉年间基本形成的二十四节气歌为：

> 春雨惊春清谷天，
> 夏满芒夏暑相连。
> 秋处露秋寒霜降，
> 冬雪雪冬小大寒。

上半年是六廿一，

下半年来八廿三。

每月两节日期定，

最多只差一两天。

它是一种指导农事活动的补充历法，是农事活动的历法文化。它既通俗、易懂，富有韵律，朗朗上口；又概括、抽象，生动形象。

# 第三节　现代农业时期

现代农业是目前最先进的农业形态，也是最具活力的农业形态。它的产生、发展积淀的是现代农业文化。

## 一、现代农业时期的时段

传统农业时期的终止就是现代农业时期的起始。既然传统农业时期终止于19世纪末20世纪初，那么，现代农业时期就起始于这一时间。

目前，我国农业从总体上已进入加快改造传统农业、走中国特色农业现代化道路的关键时期，资源集约、物资集约、技术集约、装备集约、资金集约、管理集约，我国现代农业建设进入一个新的历史时期。

## 二、现代农业文化的主要存在和表现

作为目前最先进、最具活力的农业形态，现代农业及其文化从内容到形式都是丰富、多样的。在此，仍然择其主要的、有代表性的谈一下。

动力机械的制造和使用是农业文化现代农业时期时段的起始标志，也是现代农业文化的主要存在和表现。动力机械，是将自然界中的能量转换为机械能而做功的装置，分风力机械、水力机械和热力发动机三大类。不过，这里的动力机械主要是指热力发动机。热力发动机，包括蒸汽机、汽轮机、内燃机、热气机、燃气轮机、喷

耕耘机

气式发动机。在农业中应用的主要是内燃机。内燃机，分汽油机、柴油机和煤气机等种类，分别以汽油、柴油和煤气、天然气、其他可燃气体为燃料，通过点火或自燃等形式，使其能量转化为机械能而做功，形成动力。拖拉机、耕耘机、收割机都属于内燃机，或用汽油作燃料，或用柴油作燃料，或点火，或自燃，转化能量，形成动力。它们都在运用机械原理。

机械原理的运用，使农业工具发生革命性的变革，实现质的飞跃。拖拉机、耕耘机和收割机等动力机械，与铁锄、铁刀和铁斧等铁器相比，与石锄、石刀和石斧相比，机械原理取代了杠杆原理，作用于农业劳动对象，更省力、省工，又快、又好。

拖拉机、耕耘机和收割机等动力机械的制造和使用，使农业进入现代农业时期，说明机械动力比人力更强大，机械原理比杠杆原理更先进，动力机械可大幅度地提高劳动效率和减轻劳动强度。

在现代农业中，技术日益多样，下面选介如下几项。

规范化栽培，是一种根据农作物高产优质主要是高产的需求，对农作物进行规范栽培的技术。规范栽培包括备耕、种植、中耕、除草、施肥、灌水、防虫、治病、收获全过程，包括时间、方式、数量、质量各层面。如备耕要做到三犁三耙，耕层深厚，土粒细碎，田面平整；种植要做到适时种植，合理密植，深沟浅种，施足基肥，浇足定根水等。它表明，栽培技术是可以规范的，规范的栽培技术是实现农作物高产优质的有效途径，规范的栽培技术是一种全程的栽培技术，规范的栽培技术可为大家所掌握，可为相同或相似地区所推广应用。

标准化栽培，则是一种根据农产品产量较高、品质优良、安全卫生、口感适宜、规格统一的要求，对农作物进行标准栽培的技术。客观地说，标准也是一种规范，不过，标准着重的是产品，规范着重的是栽培。当然，为了生产标准的产品，必须讲究栽培；进行规范的栽培，必然获得理想的产品。为了生产标准的产品，标准化栽培规范的既包括备耕、种植、中耕、除草、施肥、灌水、防虫、治病、收获全过程，也包括时间、方式、数量、质量各层面，还包括对假、冒、伪、劣物品的打击、禁止和消灭，对高毒物品的限制，对物品质量安全的要求。它表明的则是：栽培技术必须以人为本，不但应为人类提供高产优质的服务，而且应为人类提供质量安全的服务；标准栽培是实现以人为本的有效途径；标准栽培也是一种规范栽培，既强调栽培的全过程，更强调栽培的质量安全。

农业综合开发，是一种运用综合开发的整治方法，利用综合运动的农业资源，实现综合效益的治理效果的技术。综合开发的整治方法包括开发方式的综合（即山水田林路综合开发与治理）、资金来源的综合（即财政资金、银行资金、自筹资金综合投入）和治理措施的综合（即工程、生物和技术措施相结合的综合治理措施），综合运动的农业资源指土壤、气候、水和生物的综合运动，综合效益的治理效果指经济、社会和生态方面的综合效益。它表明的是，处于一定空间的农业，无不受到其空间、土壤、气候、水和生物等因素的综合作用，当对其进行合理的综合开发与治理，就能很好地使各因素处于合理的组合状态中，从而使农业在与各因素的协调运动中获得长足的发展。

休闲农业，指的是利用农业资源、田园景观、劳动工具、生活用具、乡村建筑、农业劳动、农民生活和民风民俗等来营造可供人们特别是城镇居民观光、休闲、旅游、度假的目的地。休闲农业将农业与旅游业有机地融合在一起，拓展了农业的功能，使农业不再局限于生产和粮食安全，而是拓展出其生态、文化、休闲、旅游、审美功能。休闲农业的产生和发展，使农业回复到其服务人类的这一基本出发点和落脚点，使农业的功能得以拓展，农业的价值得以实现，农业的本质得以体现。

## 三、现代农业文化的特征

文化既是传承的，也是发扬的。现代农业文化在传承原始农业文化和传统农业文化的同时，也在发扬原始农业文化和传统农业文化。

开放。随着社会的发展，特别是交通、通信设备的发展，缩短了地区之间、国家之间的距离，交通、通信多样、快捷、方便、安全，从而加大了地区之间、国家之间交流、合作的力度，使全球逐渐一体化。在开放的社会环境中，农业文化自然也是开放的，表现出不同地区间、不同国家间农业文化的相互吸收、渗透、交融，形成我中有你、你中有我的格局。蒸汽机也好，内燃机也好，都发明于国外，它们的引进改变了传统农业的手工操作，既省工、省力，又提高效率，也促使农业工具文化由简单手工工具文化发展为动力机械工具文化。袁隆平发明的杂交水稻，不但使我国水稻产量大幅度提高，形成杂交水稻文化，而且推广到世界各地，使杂交水稻文化渗透到世界水稻文化中去，推动世界水稻生产的发展。

多样。作为目前最先进、最具活力的农业形态，现代农业及其文化自然多种多样、丰富多彩。在工具方面，有锄头、镰刀和扁担等简单工具，有风车、水车和手摇井等半机械工具，有手扶机、拖拉机和耕耘机等机械工具，有电子计算机、土壤养分速测仪等智能工具；在技术方面，有种植技术、养殖技术、加工技术、栽培技术、管理技术和收获技术等，有无公害农产品生产技术、有机农产品生产技术和绿色食品生产技术等；在品种方面，有常规品种、杂交品种和基因品种等，有当家品种、推广品种和试验品种等，有高产品种、优良品种和观赏品种等；在经营方面，有龙头企业带动模式、合作社带动模式和农业专业户带动模式等，有承包、转包和租赁等，有产业驱动型、科技驱动型和市场驱动型等。如此多样的农业形式自然催生出多样的农业文化。

生活。初时，农业文化更多的是作为一种寄托、愿望，到了现代，特别是随着人们生活水平的提高，则日益成为生活内容之一。说到此，相信大家都会想到休闲农业与乡村旅游。在休闲农业与乡村旅游中，休闲者、旅游者通过参与求雨活动，了解求雨的过程，学习求雨的知识，体验求雨的仪式，获取求雨的情趣。当然，农业文化作为生活，是渗透到生活的各个方面的。吃八宝饭，就不仅是饱腹和品尝，还是"八宝饭的故事在说述"；穿苗族服，也不仅是保暖和装饰，还是"最华丽的服饰把我打扮成最美的人"；住吊脚楼，不仅是休生和养息，还是"天人合一理念的感悟"；行乡村道，同样不仅是位移和运动，还是"乡村情趣的体验"。

内涵。大凡文化都有内涵，农业文化一样有内涵。不过，内涵是人为的东西，是人们对事物的理解、定义和赋予。因此，内涵的准确性、科学性和丰富性完全取决于人们的理解、定义和赋予，取决于人们的水平。当人们的水平较高时，其准确性、科学性和丰富性自然较高。现当代的人们的素质总的来说要比过去高得多，这样，对事物的理解更深刻、定义更准确、赋予更中肯，形成的文化内涵的准确性、科学性和丰富性更强。

# 第四节　美学农业及其文化

美学农业既是现代农业的一种理想发展方向，也是现代农业的一种理想业态。

这片田园既生产农业物质产品，也生产农业审美产品

## 一、美学农业的兴起与发展

美学农业，指的是以农业动植物及其赖以生存和发展的土地、田园、水域和环境，乃至整个农村地区（包括农村地区的道路、城镇、集市、村庄、厂矿和自然环境等）为载体，进行农业劳动主体革命、农业劳动对象革命、农业劳动工具革命、农业劳动技能革命、农业劳动过程革命、农业劳动产品革命、农业劳动观念革命，既运用农业生产技术，又运用美学艺术手法，既生产农业物质产品，又生产农业审美产品，特别是通过田园景观化、村庄民俗化、自然生态化的实现，促进农业生产和农村经济发展的一种农业。

农业美学，悄然兴起于 21 世纪初，在理论上研究，在实践上探索。

在国际上，第五届国际环境美学会议于 2003 年 8 月 5—8 日在芬兰召开，会议以农业美学为主题，围绕生产性问题、乡村生活方式问题和未来的展望三方面，探讨了耕作型农业环境的美学问题。来自芬兰、美国、加拿大、挪威、波兰、瑞典、瑞士、冰岛、爱尔兰和中国的专家、学者、官员参加了这次会议。

在国内，北京农学院的冯莛在《北京农学院学报》1998 年第 2

期发表了第一篇农业美学论文《农业美学的跋》。《湖南社会科学》2004年第3期发表了第一个农业美学论文专辑，包括武汉大学陈望衡的《一种崭新的农业理念——农业美学》及张敏的《农业景观中的生产性与审美性的统一》、陈李波的《我们要建设什么样的农业景观？——城乡景观边界模糊及其应对》和赵红梅的《建设崭新的乡村生活方式》。2007年4月，陈望衡发表了第一个农业美学研究专章《农业环境美》（《环境美学》第五章，武汉大学出版社）。同时，一些专家、学者也研究、发表了一些农业美学论文，并呈逐渐增长的趋势。

　　笔者以1998年底开始的建设雷州半岛南亚热带农业示范区为实践基础，于1999年12月开始农业美学的研究及其学科体系的构建。2000年10月在《热带农业科学》2000年第5期发表《建设雷州半岛南亚热带农业示范区中的美学问题探讨》。2001年12月，拟出第一部农业美学专著《农业美学初探》提纲，2002年8月脱稿，2004年5月内部刊印（湛印准字第〔2004〕003号），2007年6月由中国轻工业出版社正式出版。至2024年，先后出版农业美学相关专著《农业美学初探》《农业新论》《美丽乡村之农业设计》《美丽乡村之村庄设计》《美丽乡村之农业旅游》《美丽乡村之农业鉴赏》6部，发表农业美学相关论文111篇，入选相关学术会议论文45篇（次）。

　　这是理论上的。在实践上，"美学农业"这一名词已于2017年6月被写入中国农业公园成员单位、创建单位及企业代表共同签署、发布的《中国农业公园曾家山共识》；《美丽乡村之农业设计》《美丽乡村之农业旅游》分别入选国家新闻出版广电总局《2016年农家书屋重点图书推荐目录》《2017年农家书屋重点图书推荐目录》；河南省修武县于2018年8月起开始应用农业美学理论，发展美学农业，促进农业发展，被住房和城乡建设部确定为全国新型小城镇试点县，被河南省确定为乡村振兴（美丽乡村）示范县；青岛农业大学于2019年和2020年开设"农业美学"全校选修课，成都师范学院和成都农业科技职业学院则开设"农业美学与乡土文化"

选修课，使农业美学正在逐渐发展成为一门学科。

## 二、美学农业文化

农业美学刚刚兴起，美学农业文化自然尚未成形。不过，从已研究的理论、已探索的实践来看，谈一下其文化还是可以的。

美学农业既生产农业物质产品，也生产农业审美产品。传统农业或一般农业一般仅生产农业物质产品，或仅将农业物质产品作为目的产品。就水稻来说，仅生产稻谷，最多还包括稻根、稻秆、稻叶、稻穗；就甘蔗来说，仅生产蔗茎，最多还包括蔗根、蔗尾、蔗叶；就番薯来说，仅生产块根，最多还包括薯根、薯藤、薯叶；如此等等。美学农业就不同了，除了生产上述农业物质产品外，还生产农业审美产品，生产美观的产品、健美的植株和美化的田园，甚至生产民俗化的村庄和生态化的自然。就水稻来说，生产的稻谷往往是有色的，而不是传统的黄色，生产的稻株往往是挺拔有型的，生产的稻田往往是形成稻田字或稻田画的。

美学农业追求田园景观化、村庄民俗化、自然生态化。传统农业或一般农业既不考虑村庄，也不考虑自然，仅考虑田园，并基本仅限于田园的生产能力。建设田园，就是建设高产稳产的田园。美学农业则不同，不但追求田园的高产稳产，而且追求田园景观化，甚至追求村庄民俗化、自然生态化。田园景观化，就是田园不但生产粮食、糖料、蔬菜和水果等农业物质产品，而且通过美观的产品、健美的植株和美化的田园，生产农业审美产品，形成足以引起人们审美情趣、愉悦人们审美心理、满足人们审美需求的景观。有色水稻、挺拔稻株、稻田字或稻田画就是例证。村庄民俗化，则是村容村貌的整治必须富有地方特色、民俗特色，寓现代理念于民俗文化之中，既实现村容村貌的整治，又使民俗文化得以传承，还使村庄各具特色，千姿百态。在苗族地区的村庄，不但建设吊脚楼，而且将吊脚楼建筑文化有机地融入村庄的村牌、道路和其他设施特别是建筑之中，就是村庄民俗化的体现了。自然生态化，是农村地区中村庄和田园四周的自然资源得到妥善的保护，自然生态环境达到良性循环的程度，并与村庄和田园构成和谐的统一体。在热带地区的农村，对榕树、樟树、酸豆树和见血封喉等古树名木的保护凸显了对自然生态化的追求。

美学农业进行农业劳动主体革命、农业劳动对象革命、农业劳动工具革命、农业劳动技能革命、农业劳动过程革命、农业劳动产品革命和农业劳动观念革命。农业劳动主体革命，就是通过知识灌输和生产实践等途径，使农业劳动主体具备农业美学的理念、素质和行为，并将其运用到农业生产实践上。在田园建设上，营造田园景观的行为就是农业美学观念指导下的农业美学行为。农业劳动对象革命，则是将仅生产农业物质产品的土壤、气候、水和生物等改变为既生产农业物质产品又生产农业审美产品的土壤、气候、水和生物等。土壤适宜种植多种作物，从而形成多样化的作物景观、田园景观。农业劳动工具革命，是将仅作为人类手脚延伸，作用于农业劳动对象的农业劳动工具改变为在继续保持原有功能的同时，在功能上可使用、在使用上可舒适、在文化上可品读、在外观上可鉴赏的农业劳动工具。农业劳动技能革命，指的是农业劳动技能以文字简明化、表格化、图形化、文艺化和美学化的形式存在和表现，并作用于农业劳动对象。将因土配方施肥技术制作成流程图就是其的图形化。农业劳动过程革命，指的是将付出时间、精力、体力和物力的农业劳动过程改变为获取知识、体验劳动、丰富生活、形成情趣和享受生命的农业劳动过程。作为休闲者、旅游者，在景观化的田园中锄地，不但可享受优美的环境，而且可通过锄地，疏松田园表土，获取锄地技能，体验锄地劳动，实现生命享受。农业劳动产品革命，指的是将仅生产农业物质产品的农业改变为既生产农业物质产品又生产农业审美产品的农业。农业劳动观念革命，是将观念改变为农业是既生产农业物质产品也生产农业审美产品的产业，农业劳动是获取知识、体验劳动、丰富生活、形成情趣和享受生命的过程。休闲者、旅游者主动地、积极地去乡村旅游，参与田园劳动，就是这一观念指导下的行为。

由此可见，美学农业虽是以往各种类型、各种形态农业的延续，却具有质的飞跃。它表明：农业的发展是永无止境的；农业生产农业物质产品特别是生产传统意义上、习惯意义上的农产品是基础，但其内涵和外延都可不断拓展；随着农业美学的发展，将会带来一场农业方面的全新革命；美学农业是现代农业的一种理想发展方向，并将农业推上一个崭新的高度和层面。

# 第五章　农业文化的类型

农业文化伴随着农业的产生、形成、发展而经历了漫长的历史。在这一漫长的历史中，农业文化异彩纷呈。从不同角度可对农业文化进行不同的分类归纳，下面则是笔者的分类。

端午节划龙舟是中华民族主要的民俗文化之一

## 第一节　产业文化

农业既是一个最古老、最传统的产业，也是一个大产业。作为大产业，它由许多小产业组成，如种植业、林业、畜牧业、水产业和加工业等。以种植业为例，其由许多更小的产业组成，如水稻种植、花生种植、蔬菜种植和水果种植等。

各地在发展农业时，往往会根据市场、结合资源来进行，即发展那些市场走俏、资源适宜的产业。当然，在发展种植业时，往往也发展林业、畜牧业、水产业和加工业；在发展水稻生产时，往往同时发展花生生产、蔬菜生产和水果生产；在发展林业、畜牧业、水产业、加工业时也是这样。

在发展农业中，那些着力发展的产业，自然会成为当地的主导产业，面积较大、产量较高。

这些产业虽然有大有小，但是都可在其运动、发展中积淀、形成相应的文化，也就是产业文化。种植业、林业、畜牧业、水产业和加工业可分别形成种植业文化、林业文化、畜牧业文化、水产业文化、加工业文化，水稻生产、花生生产、蔬菜生产和水果生产则可分别形成水稻文化、花生文化、蔬菜文化和水果文化。

这里的产业文化并不是指以上所有的产业文化，而是指具备如下条件的产业所积淀、形成的文化：一是在当地面积较大甚至最大、起着支柱作用的产业，二是面积和产量在其所在地区甚至全省、全国占有较大份额甚至最大份额的产业，三是这种情形一般维持若干年甚至几十年、上百年。

菠萝产业在广东省徐闻县就是这样的产业。徐闻县于 1860 年开始引种菠萝，至今已有 160 多年的历史。目前，常年种植面积 26 万亩左右，约占全县耕地面积的 25%，是全县大宗农作物之一，也是当地的主导产业，年产值约 36 亿元，约占全县地区生产总值（GDP）的 21%，占农林牧副渔总产值的 30%，占农业产值的 35%。徐闻县被誉为"中国菠萝之乡"，菠萝总产量 65 万吨，约占全国的 30%。徐闻菠萝更是以其品牌驰名国内外。徐闻菠萝果大、形美、汁多、肉脆、味香、可口、质优。早在 20 世纪 50 年代就享誉东南亚。20 世纪 60 年代，以其为原料加工的"天坛牌"糖水菠萝罐头出口美国、加拿大等 50 多个国家和地区，并多次获得国家轻工业部和广东省优质产品奖。1996 年被国家农业部定为南亚热带作物名优基地——广东省徐闻县愚公楼菠萝生产基地。1997 年、1999 年巴厘菠萝果先后分别被中国农业博览会、中国国际农业博览会确认为名牌产品。2001 年被中国绿色食品发展中心认定为国家 A 级绿色食品。2005 年获国家原产地域产品保护认证。2007 年徐闻县被农业部绿色食品管理办公室和中国绿色食品发展中心列为全国绿色食品原料标准化生产基地。

　　菠萝产业，这一传统、主导、品牌的产业，在徐闻县自然形成了菠萝文化。在徐闻县，菠萝漫山遍野，进街入巷，驻店排档，家喻户晓；种植科学，技术成熟，产高质优；种加一体，鲜果香甜，罐头清甜，产品多样；装运讲究，散装成山，车装成景，袋装成色；吃用情趣，原吃味纯，洗吃味清，蘸吃味甜。当然，更具文化意义的是成片的菠萝分布于高低起伏的低丘缓坡地带上，宛如"菠萝的海"一般，自然生成的多种色彩的"七彩田园"更是使这一景观锦上添花。其已成为人们休闲、旅游的知名目的地之一。

"中国菠萝之乡"广东省徐闻县的支柱产业

　　由此可见，产业文化是一种区域文化。产业文化以其产业所存在和发展的区域为载体、范围。徐闻县菠萝文化的区域就是徐闻县。

产业文化也是一种经济文化。产业文化不但以追求产业经济发展为目的，而且以追求地方经济发展为目的。徐闻县菠萝文化驱动的菠萝产业在徐闻县起着支柱作用，所生产产值占有较大的份额，其发展影响着当地经济的发展。

产业文化又是一种品牌文化。产业文化不但以历史、规模、数量扬名，而且以质量树名。徐闻菠萝历史悠久、规模第一、品质优良，先后荣获一系列荣誉，更是国家原产地域产品，堪称菠萝之品牌产品。

产业文化还是一种大众文化。产业文化不但为当地人们所知晓，而且融入当地人们的生活之中。菠萝文化就是徐闻县人们的生活内容之一。在徐闻县，可以说，没有人不知道菠萝，没有人不谈论菠萝，没有人不品尝菠萝，没有人不把自己当作菠萝之乡的人。

# 第二节　特产文化

在农业产业中，有的产业由于特殊的土壤、气候、水和生物等自然资源的影响而显得特别，抑或在生长发育上特别，抑或在形态特征上特别，抑或在产品成分上特别。这里的特别，主要是指在产品成分上特别。这就是特产。

产业文化所依托产业的所处区域的土壤、气候、水和生物等自然资源也是独特的，具有相对优势。徐闻菠萝原产地位于东经110°10′—110°32′、北纬20°13′—20°46′，地处热带北缘，属热带季风气候，光温充足，雨量充沛，土壤肥沃。年均气温23.5℃，极端最高气温38.8℃，极端最低气温2.2℃，年均活动积温8 554.7℃，有效积温4 929.7℃，夏长冬短，几乎无霜冻；年均日照时数1 775.5小时，太阳辐射量居广东省之最，年均达118.4焦耳/平方厘米；年均降水量1 369.2厘米，相对湿度84％；种植地以砖红壤为主，土壤有机质平均含量29.34克/千克，全氮平均含量1.44克/千克，全磷平均含量37.24毫克/千克，全钾平均含量150.37毫克/千克，硅、硫、钙等中量元素含量也较充足。由于没有污染工厂和其他污染源，空气和地表水均未受任何污染，地下水更是犹如"矿泉水"一般纯净。可见，这一自然资源十分适宜发展菠萝生产，这就不难理解徐闻县为什么能形成菠萝产业。

徐闻山羊是广东省徐闻县的特产之一

特产对土壤、气候、水和生物等自然资源的要求更严格，更具区域性，从而在分布范围上更小、在种植面积上更少。徐闻良姜这一特产分布于徐闻县的龙塘、南山、城北、海安、曲界、锦和、下洋、前山等中北部地区，广东省的惠阳区、东莞市等，广西壮族自治区的陆川县、博白县，海南省的儋州市、屯昌县等地区，面积约3万亩。其中约80％集中在徐闻县，特别是集中在以龙塘镇良姜村为核心的区域。

特产的区域性较强，特别是优质特产区域性更强，但是，导致其分布范围小、种植面积少的原因并不完全在于其区域性，还在于其市场需求量相对较少，即在较小的范围、较少的面积上种植就可满足市场的需求。菠萝是水果，适合大众消费，需求量自然较大。当荔枝、龙眼和黄皮等其他水果较少的时候，对菠萝的需求量较大；当这些水果较多的时候，菠萝的需求量自然较小。良姜是药材，只适合那些生病或保健的人群消费，需求量自然较小。

特产之所以能够成为特产，主要还在于其具有其他产品无法取代或难以取代的功能。徐闻良姜含有由 1.8-桉叶素（cineole）、桂皮酸甲酯（Methy - cinnamoate）、丁香油酚（Eugenol）、蒎烯（pinene）和荜澄茄烯（cadi - nene）等成分构成的挥发油（0.5%～1.5%）。"其性甘辣、清凉，除烦热、利津小便，通三焦团壅、抗寒、散气，且明目驱瘴。"特产的特殊功能在其优势区域表现得更为明显。调查表明，良姜村出产的良姜色泽金黄，气味馨香，含粉率高，质地好，品质优，其品质高于其他地区。这就不难理解，为什么国家质检总局于 2006 年 8 月 17 日将徐闻良姜列为地理标志产品，将徐闻县的龙塘镇、曲界镇、城北乡、南山镇、海安镇、锦和镇、下洋镇、前山镇 8 个乡镇行政辖区列为徐闻良姜地理标志产品保护范围。

特产积淀、形成的文化自然是特产文化。这样的特产文化的最大特点就是具有特殊性。特在以特殊的自然资源为源泉，以特殊的作物为载体，以特殊的功能为生命，以特殊的服务为存在。徐闻良姜文化这一特产文化，就是以热带资源为源泉，以良姜为载体，以医疗和保健为生命，以服务疾病患者和保健对象为存在。

# 第三节　生态文化

当我们走进自然保护区，我们会发现，那里生长着天然的植物、生活着天然的动物、寄存着天然的石头、存在着天然的水域，一切都是那么自然，自然存在着、发展着、影响着、平衡着。这就是生态。

最初的地球到处都是生态的，一切都在自然力和生态力的作用下形成、发展。然而，由于人类的出现以及人类的开发、利用，特别是不当的开发、利用，导致一些地区的环境日益恶化。因此，人类不得不进行生态保护，设立自然保护区就是举措之一。截至 2018 年 6 月，我国共设立了 474 处国家级自然保护区。各地根据需要也自行设立地方性自然保护区。

　　显然，从生态的角度来说，既存在生态的区域，也存在非生态的区域。在两者之间则存在生态环境不那么好的区域。自然保护区就属于生态的区域，而国家级自然保护区则属于生态环境最好的区域。不少乡村及其田园也处于生态的区域。比如，鼎湖山、神农架和五指山等自然保护区中的乡村及其田园就是这样。

　　客观地说，任何区域都存在和表现着生态，即使非生态的区域也一样，只是生态程度有高有低而已。这里所指的生态区域是那些生态程度较高的区域。自然保护区应是生态程度最高的区域了。

　　生态的区域自然积淀、形成着生态文化。生态是多样的，各自形成不同的生态文化。既然都是生态，都是生态文化，就会具有共性。笔者认为，生态文化应具有如下几个共性。

　　生态文化是原始的。在生态的区域，植物天然地生长着，动物天然地生活着，石头天然地寄存着，水域天然地存在着，一切都以原始的状态存在和表现着。在生态的区域，不但寄存着上百年、上千年甚至上万年的石头，存在着上百年、上千年甚至上万年的水域，而且生长着上百年、上千年的树木。即使是现在才落地生根、发芽、伸茎、分枝、繁枝、长叶、开花、结果的植物，从生理特征到形态特征，与成百上千年的植物也没有什么区别。享誉全球的黄山迎客松，树龄至少有 800 年。在自然保护区，银杏树龄动辄就是几百年、上千年。

　　生态文化是共存的。在生态的区域，一切要素都是共存的。首先，共存是空间的。在生态的区域，其一切要素都共同存在于同一空间中，不但植物、动物、石头、山岭和水域是这样，而且土壤、气候、水和生物也是这样。其次，共存是同时的。生态空间中的要素虽可先后存在着，但也可同时存在着。对新出生的动物来说，在其未出生之前不存在共存问题，共存是出生之后的事情。其出生之后不但与其他动物共存，而且与植物、石头、山岭、水域共存。然后，共存是互依的。生态空间的要素不但独立地存在，而且相互依存。山坡上的土壤由于植被的覆盖而得以保持，植被的生长则有赖于土壤水肥的供应；小鸟由于山林的存在而得以栖息，山林则由于小鸟的栖息而彰显活力，由于小鸟的粪便而获得养分；如此等等。再次，共存是互抑的。生态空间的要素不但相互依存，而且互相抑制。乔本树木的生长挡住草本植被生长所需的阳光，草本植被的生长争占乔本树木生长所需的水肥，如此之类还有许多。最后，共存是和谐的。生态空间的要素虽然存在着互相抑制，但是，总的来说，各要素是和谐的，并在和谐中发展着。植物、动物、石头、山岭和水域等之间是和谐的，其与土壤、气候、水和生物等之间也是和谐的，和谐地存在、发展于同一生态空间中。比如，在云南省红河哈尼梯田，稻田养鱼、养鸭已有 1 000 多年的历史。但技术含量不高，效益不好。2015 年以来，在中国水产科学研究院淡水渔业研究中心的支持下，研究、开发"渔稻共作"，2017 年达到 3.1 万亩，亩均增收 1 540 元。"渔稻共作"有利于减少虫害，生态除草和造肥，改良土壤，降低污染，保护生物多样性，调节旱涝，从而有效地改善了梯田生态环境系统。

生态文化是循环的。在生态的区域，生态空间的要素是不断循环、运动的，并在循环运动中保持活力、不断发展。植物，从种子落地生根、发芽，到茎挺、枝繁、叶茂，到枯枝、落叶、死亡，再到新种子落地生根、发芽；溪水，从源头流到水尾，不断更新；动物，一代又一代。一切循环反复，周而复始。

生态文化是保护的。自然生态是自然在自然力和生态力的作用下形成、发展的，然而，这并不意味着完全是自然力和生态力作用的结果，往往还是人类自觉地、主动地、积极地保护的结果，特别是自从自然环境开始出现恶化的现象以来，人类的这一行为愈来愈明显。主要表现在：制定保护法律，出台保护方案，设置保护区域，明确保护对象，落实保护责任，追求保护效果。被誉为"荔枝之乡"的广州市增城区至今仍保留着 100 年以上树龄的古荔枝 1.5 万棵，其中，300 年以上树龄的 1 400 棵，500 年以上树龄的超过 200 棵，更有一棵树龄超过了 1 200 年。仅荔枝街莲塘村就形成一个有 1 800 棵古荔枝的群落。

这是一棵千年古荔

# 第四节　地理文化

地球上任何存在物体或存在空间都可用经纬度来表达。这就是这些存在物体或存在空间的地理所在。

只有那些特殊的地理所在才使得其存在物体或存在空间显得特别，从而引起人们的关注。特殊的地理所在有许多种形式，一般来说，主要有如下几种类型：①极地地理，即位于极地的区域。最为大家所知晓的莫过于南极和北极。不过，一个国家在地理上一样存在极地，我国的东、西、南、北、中就存在东极、西极、南极、北极和中央。目前，就村庄来说，最有名的是位于北极的"北极村"——漠河。②城市地理，即位于城市之中或附近的区域。北京市、上海市、广州市、深圳市等城市为我国的著名城市，位于这些城市之中或附近的区域自然会由于这些城市的著名而知名。③山岭地理，即位于山岭之中或附近的区域。我国有许多著名的山岭，如黄山、泰山、庐山、峨眉山、五指山、武夷山、九华山、普陀山、五台山和武当山等。显然，位于这些山岭之中或附近的区域会因山而有名。④水域地理，即位于水域附近的区域。我国也有许多著名的水域，河流有长江、黄河、黑龙江、珠江和塔里木河等，湖泊有鄱阳湖、洞庭湖、太湖、洪泽湖和青海湖等，濒临的海洋有渤海、黄海、东海和南海等。这些水域之名自然会带来附近区域之名。⑤景区地理，即位于景区附近的区域。我国同样有许多著名的景区，如长城、十三陵、承德避暑山庄、云冈石窟、孔庙、龙门石窟、东坡赤壁和七星岩等。位于这些景区附近的区域则会由于景区的知名度而知名。

黄埔乡村振兴一号馆位于广州市

地理所在的存在特别是特殊地理所在的存在自然会形成地理文化，并且会表现出其固有的特征。

自然性。形成地理文化的地理所在是自然形成的。极地地理、城市地理、山岭地理、水域地理和景区地理的地理所在都是自然形成的，其所处的经纬度与极地、城市、山岭、水域和景区等无关。例如，位于十三陵水库附近的地理所在并不是由于十三陵水库的存在而存在，反倒是十三陵水库的地理所在却可随着那些设计者的选址而不同。当然，现实的选址是合理的、科学的、最佳的。

特殊性。形成地理文化的地理所在是特殊的地理所在。任何存在物体或存在空间都有地理所在，不过，形成地理文化的地理所在却是特殊的。特在极地地理位于极地，城市地理位于城市之中或附近，山岭地理位于山岭之中或附近，水域地理位于水域附近，景区地理位于景区。

依附性。形成地理文化的地理所在的知名程度以其所依附的地理所在为基础。产业文化也好，特产文化也好，其知名程度主要取决于产业或特产及其文化，特别是取决于产业或特产的历史、面积、产量和质量，与地理所在几乎无关，与其相关的物体（如土壤、水域和岩石等）也无关。形成地理文化的地理所在及其文化则不同，其知名程度以其所依附的地理所在为基础，极地地理及其文化以其所依附的极地为基础，城市地理及其文化以其所依附的城市为基础，山岭地理及其文化以其所依附的山岭为基础，水域地理及其文化以其所依附的水域为基础，景区地理及其文化以其所依附的景区为基础。南极、北极是极地，一个国家的地理之极也是极地，南极、北极比国家的地理之极更有名或基础更好，其极地地理及其文化就要更有名些或更有基础。

母本性。地理所在所形成的地理文化无不融入其所依附的地理所在的文化。形成地理文化的地理所在既然以其所依附的地理所在为基础，那么，其形成的地理文化或打造的文化自然离不开也不应该离开其所依附的地理所在。特别是在打造旅游景区的时候，就应该很好地、充分地利用地理文化，使其成为旅游景区的灵魂。旅游胜地之一北极村就是这样。它是黑龙江省漠河市最北的村镇，也是我国最北的城镇，位于北纬 53°33′30″、东经 127°20′27.14″。在旅游开发中，它既直接地利用北极资源——极昼、极夜、北极光，又间接地利用北极资源——中国北极点、北望垭口、极地冰雪、漠河七星山、观音山、飞来松、元宝山、古驿站、杯酒定边患和四不烧等，形成多维度、多层次的北极文化，铸成美学化、旅游化的旅游风景区。

# 第五节　资源文化

　　资源是多样的、丰富的。就农业来说，主要有土壤、气候、水和生物。土壤，可以稳固农作物，为农作物的生长发育提供养分；气候，可为农作物的生长发育提供温、光、水、气、热；水，可为农作物的生长发育提供水分；生物，可生产农产品、林产品、畜牧产品和水产品，可为农业品种的培育提供种质资源。

莲花山

　　资源的形成、运动、发展也可形成文化。不过，像产业文化、特产文化、生态文化和地理文化一样，这里所研究的资源文化指的是那些具有优势或典型性、代表性的资源所形成的文化。

　　土壤是农业之母，也是主要的农业资源。我国幅员广阔，土壤多样，可分为红壤、棕壤、褐土、黑土、栗钙土、漠土、湖土（包括砂姜黑土）、灌淤土、水稻土、湿土（草甸土、沼泽土）、盐碱土、岩性土和高山土等 13 个系列，其中红壤系列又分为砖红壤、燥红土、赤红壤、红壤、黄壤、黄棕壤、棕壤和暗红壤等。砖红壤尤以雷州半岛的为典型。雷州半岛砖红壤成土母岩为玄武岩，风化壳深厚，达数十米，土层厚度一般超过 2 米，矿物的组成以高岭石为主，土壤的淋溶作用强烈，富铝化作用强烈，颜色深红，代换性盐基含量低，有机质和全氮含量高。种瓜得瓜，种豆得豆，砖红壤催生出的是与土色一般的红土文化，不但有红土酒家，而且有红土诗社、以红土为名义的广告等。

气候是农业所依，同样是主要的农业资源。我国的气候也是多样的，可分为热带、温带和寒带三大气候带，以及 15 个小气候带。海南岛为我国热带宝岛，属热带季风气候，光照充足，热量丰富，长夏无冬，降水集中，干湿季分明。年均日照时数 1 472.6～4 418.2 小时，年均太阳辐射量 102.6～140 千卡/平方厘米，年均气温 20.7～25.4℃，极端最高气温 41.5℃，极端最低气温－1.5℃，≥10℃年均活动积温 7 400～9 289.1℃，年均降水量 902.6～2 691.2 毫米。在热带气候的作用下，生长着海南椎、隆缘桉、野石竹、鸭脚木、乌墨、琼崖、海棠、黑榕、青线、重阳木和母生等热带树木，栽培着橡胶、椰子、油棕、槟榔、胡椒、可可、咖啡、藿香、菠萝蜜和菠萝等热带作物，生活着熊、长臂猿、云豹、猴子、穿山甲、黄猄、果子狸、山鸡、水鹿和野猪等热带动物，饲养着海南猪、屯昌黑猪、黄流猪、高峰黄牛、屯昌水牛、东山羊、文昌鸡、海南白鹅、定安四季鹅和九所鸭等家畜家禽。最值得一提的是椰子这一热带滨海树木，从城市到村庄，从内陆到沿海，从田园到道路，到处都在生长着，不但成为海南岛的代表树种，而且成为海南岛的文化符号——椰岛。

水是农业之脉，仍然是主要的农业资源。水有海洋水、陆地水，有湖泊水、江河水、流溪水、山塘水，有天然水、人工蓄水，有地表水、地下水。雷州半岛素以干旱著称。雷州半岛年均降水量 1 100～1 800 毫米，是广东省相对少雨的地区。一年中 10 月至次年 4 月的降水量仅占全年的 25.6%，开春的第一次透雨（日雨量≥20 毫米）80%保证率的日期，比回暖（日平均温度≥15℃）始期落后 30～50 天。雷州半岛年均蒸发量 1 712.8～1 946.3 毫米，除廉江市以外，其他各县的蒸发量均大于降水量。位于南部的徐闻县年均蒸发量 1 946.3 毫米，比降水量大了 606.8 毫米。由此，导致干旱经常发生，尤其是冬春连旱。据统计，新中国成立以来雷州半岛冬春连旱的概率为 82.6%～91.7%，其中重旱为 58.3%～83.3%，最长连旱天数达 234 天。干旱往往给农业生产和群众生活带来严重的影响。然而，雷州半岛地下水资源丰富。该半岛是广东省地下水最丰富的地区，有可开采资源 40.82 亿立方米/年，补给资源 58.85 亿立方米/年，与地表水资源 43.41 亿立方米/年大体相等。其中，浅层水的可开采量为 570.41 万立方米/日，占全部可开采量 1 118.32 万立方米/日的一半以上。雷州半岛充分地利用和发挥地下水资源丰富这一资源特点，实施井灌工程，打井抽水灌溉。1998—2009 年，徐闻县就先后钻打各类机井 3 万多眼，增加灌溉面积 30 多万亩；同时，推广喷灌、滴灌、微灌、膜下灌等节水技术 20 多万亩。这极大地解决了耕地缺水问题，使土地生产能力由过去的亩值不足 2 000 元提高到 4 000 元以上。在雷州半岛，井灌农业、节水农业逐渐形成，并逐渐成为雷州半岛的一种文化。

生物是农业之本，同样是主要的农业资源。全世界的植物约有 50 万种，动物约有 150 万种。我国是生物种类较多的国家之一，仅农作物就有粮、棉、油、糖、麻、烟、茶、桑、果、菜、药等类型，畜禽就有猪、牛、羊、鸡、鹅、鸭等类型，水生动物则有鱼、虾、蟹等。比如，杂交水稻的选育过程离不开如下四个关键环节：一是意外发现一株"鹤立鸡群"、性状特殊的稻株，二是找到一株天然、奇异的雄性不育稻株，三是发现一株野生、难得的雄性不育稻株，四是找到一株光敏不育水稻。这些资源的存在、发现和利用，使杂交水稻的研究、培育成为可能，从而培育出杂交水稻系列品种，孕育出杂交水稻生产，催生出杂交水稻文化。

# 第六节　建筑文化

村庄是人类在乡村中的聚集、居住群落。在乡村建设、存在着

开平碉楼

许多住宅，以及祠堂、土地庙、文化楼和戏楼等其他建筑。

建筑是设施的一种形式，住宅则是一种主要的建筑。可以说，所有村庄都有建筑，从而使当地存在和表现着建筑文化。

大凡建筑都处于一定的地理位置，都可用经纬度来表示。建筑无不受到地理位置的影响。地形地势的平整与否、高低程度和方位走向无不影响着建筑的坐向、高低和造型。住宅，处于平地，坐北向南较好；处于山地，只能是背高向低；处于山水地区，自然是高低错落的吊脚楼适合了。

建筑大都是生活、生产的设施，住宅则完全是生活设施。作为生活、生产之所需，只能占据生活、生产开支的一部分；作为居住设施的住宅，则只能占据吃、穿、住、行开支中住的那部分。也就是说，营造建筑、建设住宅无不受到经济的制约。建设住宅，规模愈大、艺术性愈强，造价愈高。其实，乡村住宅从茅顶泥墙到茅顶石墙、瓦顶石墙、瓦顶砖墙再到楼房、别墅，既是住宅水平的提高，也是经济水平的提高。

建筑都存在和表现着一定的习俗，在习俗的约束下以相应的形式存在和表现着。雷州半岛和海南岛虽一海之隔，但住宅建设有所不同。雷州半岛住宅上下座之间正中不能相对，海南岛住宅上下座之间正中却强调相对。

建筑都是凝固的。建筑由水泥、钢筋、石子、砖块、灰沙和木材等建筑材料组合而成，只是建筑材料不同或组合方式不同，形成不同的建筑。吊脚楼用杉木搭建而成，蒙古包用布料围捆而成，大多数楼房是用水泥加钢筋建成；平房屋顶是尖的，平楼屋顶则是平的，别墅却是高低错落的。它们都有一个共同的特征，都是凝固的。建筑还强调坚固，愈坚固愈好，凝固性在坚固的追求中得以更好地体现。

建筑都是音乐的。客观地说，建筑只是人为作用下的材料组合。人们完全可以使这些材料组合成各种各样的形式。人类具有爱美的天性，在意识里甚至是在潜意识里存在和表现着对美的追求，并将这种追求体现在其行为及行为作用的物体中。建筑是人类对美的追求的一种表现形式，这种形式被人们形容为"凝固的音乐"。当柱、窗排列为"柱、窗、柱、窗……"的时候，就有如四分之二的节拍；当排列为"柱、窗、窗，柱、窗、窗……"的时候，则有如圆舞曲的旋律。最具音乐感的是那些高低错落的小别墅，小别墅的音乐感愈强，愈具有艺术性，愈具有美感。

建筑都建于某一时代之中，无不有着时代的烙印。世界最大的建筑群故宫，占地面积 72 万平方米，建筑面积约 15 万平方米，宫殿 70 多座，房屋 9 000 余间，建于 1406—1420 年。上海中心大厦，地上 127 层，632 米高，始建于 2008 年。这都是有着时代的烙印的建筑。

# 第七节　历史文化

人类在漫长的历史长河中生息繁衍、生产生活，那些重大历史事件往往留在人们的记忆中，形成历史文化。不少历史事件发生于乡村中，不少历史文化形成于乡村中。

重大历史事件是相对来说的，相对于一般历史事件，相对于一般生产生活的点点滴滴。历史文化是历史事件在漫长的历史长河中积淀、形成的。有一种说法，"今天的新闻就是明天的历史"。历史就是已经过去的事情，"今天的新闻"对于"明天"来说都是"过去"的。如果说雷峰塔的建设可算是历史事件的话，那么广州塔的建设则只能算是当今的事情；如果说雷峰塔的建设所积淀、形成的文化是历史文化的话，那么广州塔的建设所积淀、形成的文化只能算是现代文化。显然，雷峰塔的建设也好，广州塔的建设也好，都是在城市里进行的，因此，都不属于农业文化的范畴。都江堰的建设则属于农业的范畴，仅此足可体现出历史文化的历史性。

广州第一村遗址

历史文化主要由历史上所发生的事件积淀、形成。在历史的长河中，一切事物都在运动着，并都潜存着发生不同运动方式的可能。当其发生不同的运动方式的时候，就可视为事件。日月星辰每时每刻都在依其运动规律运动着，当陨石冲进大气层并将地面冲出一个陨石坑的时候，就形成了事件；江河、流溪每时每刻都在从上游流向下游，当河水决堤将周边的土地、田园泡浸的时候，也就形成了事件。这是自然的，雷峰塔和都江堰建设则是人为的。它们都形成相应的历史文化。如果说陨石形成的是陨石历史文化，那么雷峰塔建设形成的是塔的历史文化，都江堰建设形成的是堰的历史文化。

历史文化所借以形成的事件主要是重大历史事件。客观地说，任何事件的产生、发展都会积淀、形成相应的文化。重大事件不但会起着较大的影响，而且会起着导向的作用。重大事件更能深入人心，更能影响人们的行为，从而引导着事物的发展方向。都江堰，这一著名的水利工程，由秦国蜀郡太守李冰率众修建而成，当时已灌溉 300 多万亩农田，后经不断整治、扩建，现可灌溉 800 多万亩农田。它由"鱼嘴""飞沙堰""宝瓶口"三项主要工程以及成千上万条渠道和分堰组成，构成一个完整的水利工程系统，成为水利工程的成功典范、中国古代水利工程的文化符号，一直影响着我国的水利工程建设。

历史文化是历史事件特别是重大历史事件积淀、形成的文化，那么，其所赖以存在的历史事件只能是遗迹。所谓遗迹，就是与事件相关物体留下的痕迹。周口店北京猿人遗址中的石器、灰烬、烧石和烧骨等就是周口店北京猿人曾经生活、生产留下的遗物。通过这些遗物，可以品读出历史文化。通过周口店北京猿人遗址中的石器、灰烬、烧石和烧骨等，可以品读出周口店北京猿人的生活、生产。

历史文化往往具有历史价值、文化价值、旅游价值，因此，人们往往对其进行保护。当然，保护并不是维持原状，而是包含着修复。保护之修复是修旧如旧，是"历史的"保留。周口店北京猿人遗址以周口店北京猿人遗址博物馆的形式存在和表现着；至于都江堰，通过整治、扩建，既保留了其原始风貌，又展现了其现代新姿。

# 第八节　名人文化

在漫长的历史长河中，有的名人出生于乡村、生活于乡村、活动于乡村，留下了痕迹，积淀了文化，形成了影响。

名人，就具体人来说，是属于某一领域的，但就全国、全球来

陈白沙雕像

说，却是各行各业的。有政治的、经济的，也有文化的、艺术的，还有学术的、科技的。如果说广东省中山市翠亨村是中国民主革命的伟大先驱孙中山的故乡的话，那么湖南省凤凰县则是一代文学大师沈从文的家乡，苏州市吴江区开弦弓村是著名社会学家、人类学家费孝通的故里及其代表作《江村经济》的调查地。名人，有地方性的，也有全国性的，还有世界性的。

名人文化的最大特征是名人性。名人文化的文化价值主要取决于名人本身，主要表现在两方面：一是名人的知名度。名人的知名度愈大，其文化价值愈高。显然，全国性的、世界性的名人所积淀、形成的文化价值要比地区性的高。但全国性甚至世界性的名人并不能取代地方性的名人对其当地的影响。二是名人的所属。文化的所属取决于名人的所属。当名人分别属于政治的、经济的、文化的、艺术的、学术的、科技的时候，所积淀、形成的名人文化就分别相应地属于这些领域。不少名人涉及的领域往往不止一个，而是多个。这时，其文化价值则主要取决于其最为突出或最有成就的那一领域。

名人文化的特征之二是遗迹性。名人既有在世的，也有过世的，名人文化一般是名人出生或曾经生活、活动的地方及其相关事物积淀、形成的。因此，名人文化往往表现出遗迹性。所谓遗迹，就是名人曾经生活、活动留存下来的痕迹，包括住过的宅、睡过的床、穿过的衣、用过的碗等。最有文化价值的是三大类：一是名人亲自制作的遗物。如亲自设计的房屋、亲自种植的树木。名人亲自制作的遗物留下的名人的痕迹最实在、最深刻。二是与名人所属领域相同或相近的遗物。沈从文属文化名人，其用过的笔、写书的桌、留下的手稿就要比其他遗物更重要，更具文化价值、欣赏价值。这些遗物更具代表性、典型性、符号性、象征性。三是与特殊事件相关的遗物。这些遗物具有特殊性、故事性。

名人文化的特征之三是雕像性。名人文化集中体现在名人本身，而对于已过世的名人来说，只能通过名人雕像来体现了。事实上，在名人故居、公园之类的地方，都雕刻有名人雕像。作为名人雕像，特别是安放在名人故居、公园中的名人雕像，不但应做到形似，而且应做到神像、韵像，使人通过雕像能够品读出文化，感悟到情怀，升华境界。所谓形似，就是名人雕像外部形象像真人一样；所谓神像，则是名人雕像外部形象能存在和表现名人的气质；所谓韵像，是名人雕像能存在和表现名人所献身的事业。

# 第九节　民俗文化

在长期的生活、生产中，人们自觉不自觉形成的行为方式、道德规范、价值理念等，就是民俗文化。

名人文化是一种行为方式，民俗文化也是一种行为方式；不过，前者是个人行为，后者是大众行为。这种大众行为是大家在长期的生活、生产中约定俗成的行为规范。最为大家所熟知的莫过于"日出而作，日落而归"，这既是一种生活方式，也是一种生产方式，在农耕社会表现得尤为突出。槟榔是岭南地区的一种典型植

黎族服饰

物，食用槟榔则是岭南人的一种生活习俗，或将其当作日常口食，或以槟榔代茶待客，或将其作为婚嫁的礼果，或制作一种专门盛装槟榔的槟榔盒。"日出而作，日落而归"也好，吃槟榔也好，都是民众间互相影响、逐渐形成的。民俗文化也是由一个人或某些人提倡，大家认可、附和而逐渐形成的。如儒家思想是孔子创立，并经其弟子及后人不断完善而形成的。

　　我国幅员广阔，各地地理、气候、环境、经济、技术等不同，各地形成的民俗文化也不同，表现出区域性。江南地区的稻米饮食文化和草原地区的牛奶饮食文化，既是文化区域性的一种表现，也是农业文化区域性的一种表现，更是民俗文化区域性的一种表现。显然，这一区域性的存在主要在于江南地区的土壤、气候适宜于种植水稻，当地盛产稻米；草原地区的土壤、气候适宜于生长牧草、种植牧草，当地放养奶牛、盛产牛奶。岭南人食用槟榔习俗的形成，一方面是由于槟榔适宜于在岭南这一地区生长发育，另一方面是由于槟榔可以促进消化，增强食欲，提神减压，特别是能够祛除瘴气。在古代，岭南山多地瘠、蛇虫成灾、气候炎热、空气潮湿、瘴气横行，抵御瘴气成为人们求生存、求健康的迫切需求。

产业文化以产业为载体，特产文化以特产为载体，生态文化以生态区域的存在物为载体，地理文化以地理空间的存在物为载体，资源文化以土壤、气候、水和生物等自然资源为载体，建筑文化以建筑物为载体，历史文化以历史重大事件的遗址为载体，名人文化以名人生活和活动的遗物、遗迹为载体，民俗文化则以人类及其行为为载体。稻米、牛奶和槟榔的食用都是人的食用，其存在和表现出来的文化是以人的食用这一行为为载体的。如果说苗族人民穿苗族服饰存在和表现着穿的民俗文化的话，那么，蒙古族人民住蒙古包则存在和表现着住的民俗文化，东北人民坐雪橇存在和表现着行的民俗文化。这些民俗文化都可归类于行为文化。

有一种观点认为，人在6岁之前所受到的影响是植入生命之中的，是不会改变的，而6岁之后所受到的影响则会随着环境的改变而改变。这些影响是多方面的，既包括吃、穿、住、行，也包括语言、爱好、行为方式和价值取向等。人在6岁之前的母语是最纯正的，后来学习的其他语言即使学得再好都难以做到纯正。子女一生下来，就会受生活环境的影响特别是父母的影响，生活环境特别是父母的行为方式、习惯习俗就会在有意无意中植入子女生命之中，使其成为子女的行为方式、习惯习俗。其实，这些习俗在现实中到处可见，春节的贴对联、端午节的划龙舟、中秋节的吃月饼等代代相传。关于春节的贴对联、端午节的划龙舟、中秋节的吃月饼，未见得人人都知道其故事、了解其内涵、懂得其文化，但是，家家户户都会自觉地、主动地这样做。

民俗文化这一行为文化主要以节日庆典、红事白事为其存在和表现的时空。春节贴对联、端午节划龙舟、中秋节吃月饼都属于节日庆典。乞巧节是中国非物质文化的一项重要遗产，主要流传于"中国乞巧文化之乡"——甘肃省西和县。乞巧节源于早期秦文化中的"牛郎织女"，以未婚女性为主，固定于每年农历六月三十日下午至七月初七下午举行，历时七天八夜，分准备阶段、乞巧活动和送巧活动三个阶段，进行祭巧、唱巧、相互百巧、跳麻姐姐、祈神迎水、转饭卜巧等活动，表达内心的情绪，寻找虔诚的心灵，寄托美好的愿望，在乡村文化振兴中又被赋予"小刺绣，大产业""巧娘娘，树品牌""众乞巧，促旅游"等内涵。

# 第六章　农业文化的结构

农业文化既有类型，也有结构。如果说类型是各种农业文化的归纳分类的话，结构则是农业文化的层次构成。一般来说，农业文化由资源层、田园层、行为层、知识层和精神层等层次构成。

现代农业使田园文化发生质的飞跃

## 第一节　资源层

资源层是农业文化最原始的状态、最初步的层次，也是农业文化得以存在和发展的温床，以自然的方式表现着土壤、气候、水和

木棉树上附生着兰花

生物等农业自然资源，以及其遵循自然规律运动的方式。

## 一、土壤

　　土壤由母质形成，母质由岩石风化而来，岩石由一种或数种矿物组成。构成岩石的矿物主要有长石、角闪石、石英、云母、方解石、白云岩、磷灰石、铁矿和黏土矿物。花岗岩主要由石英、长石、云母和角闪石等矿物组成，玄武岩则主要由斜长石和辉石等矿物为主。岩石，在温度、水、氧气、二氧化碳以及人类活动等的作用下，发生物理风化、化学风化和生物风化，逐渐破碎，由大变小，由小变细，并改变化学组成和性质，变成土壤母质。母质在气候、生物和地形的作用下，经过原始土壤形成、土壤灰化、土壤富铝化、腐殖质累加、土壤沼泽化、土壤钙化和土壤盐渍化等成土过程，逐渐形成多样的土壤。

　　土壤未被人类开发利用之前叫作自然土壤，简称自然土；土壤被人类开垦用来从事农业生产则叫作农业土壤，简称农业土。土壤由自然土变成农业土的过程即农业土壤的形成过程。在这一过程中，田园的犁耙，改善了土壤的物理性状，创造了疏松的耕作层，增强了土壤的通透性，强化了土壤的水肥供应能力；作物的栽培，改变了土壤的植被状况，形成了新的生物小循环圈，提高了土壤的肥力，调节了土壤的小气候；肥料的施用，改善了土壤的理化性质，提高了土壤的养分含量；水的灌排，调控了土壤的水分状况，调节了土壤的通透性和温湿度，确保了水分的有效供给。通过这一过程，实现了生土变熟土、死土变活土、活土变肥土、肥土变油土，从而成为农业土壤。

农业土壤的形成使农业生产得以进行。

首先，以宜耕的形式使农业生产得以进行。所谓宜耕，就是农业土壤种植农作物，利于其生长发育、高产优质。玄武岩赤土地是耕地，是农业土壤，适宜种植甘蔗、菠萝、番薯和花生等作物，具有宜耕性；玄武岩砖红壤是非耕地，是自然土壤，不适宜种植甘蔗、菠萝、番薯等作物，不具有宜耕性。

其次，以多宜的形式使农业生产得以进行。所谓多宜，则是同一农业土壤适宜多种作物种植，利于其健康成长、高产优质。当然，并不是所有农业土壤都多宜，只是一部分是多宜的。比如赤土地就是多宜的。赤土地土层深，土壤肥沃，不但适宜种植甘蔗、菠萝、番薯和花生等耐旱作物，而且在水源问题解决了以后，还适宜种植蔬菜和香蕉等需水较多的作物，具有较广的多宜性。

再次，以区域的形式使农业生产得以进行。所谓区域，是农业土壤遵循地域分异规律形成适应不同作物种植的相应区域。我国的土壤分为东部森林土壤区域，西北草原、荒漠土壤区域，青藏高山草甸、草原土壤区域等土壤区域。东部森林土壤区域分布着砖红壤、砖黄壤、赤红壤、赤黄壤、红壤、黄壤、黄棕壤、黄褐土、棕壤、褐土和暗棕壤，适宜种植水稻、甘蔗、香蕉、菠萝、咖啡、柑橘、木瓜、茶叶、红松和落叶松等作物和树木；西北草原、荒漠土壤区域则分布着黑钙土、栗钙土、棕钙土、灰漠土、灰棕漠土、黑垆土、灰钙土和棕漠土，适宜种植牧草，放养牛、马、羊和骆驼等牲畜，有的也适宜旱作或种植葡萄等经济果木；青藏高山草甸、草原土壤区域分布着亚高山草甸土、高山草甸土、亚高山草原土、高山草原土和高山漠土，适宜种植牧草，放养牦牛、藏系绵羊、藏粗毛绵羊和山羊，有的也适宜种植青稞。显然，土壤区域性的存在使适宜种植的作物凸显区域优势，使不适宜或不甚适宜种植的作物受到限制。

最后，以可改造的形式使农业生产得以进行。农业土壤形成后，还可根据人们的需求，结合技术和经济的可能，在遵循农业土壤发展规律的基础上，进行不断的改造。一般来说，掺沙改泥或掺泥改沙，可改变土壤的沙泥比例；施用有机肥，可提高土壤的肥力水平；机械深耕，可加深和活化土壤的耕作层等。

## 二、气候

气候，指一定地区特有的多年天气情况。天气，指大气在一定时空中发生的各种物理现象及其过程的综合表现。雷、电、雨、风、云、雪、阴、晴、冷、热、干、湿等就是大气在一定时空中发生的物理现象，而打雷、闪电、降雨、刮风、飘云、下雪、阴凉、晴朗、寒冷、闷热、干旱、潮湿等的过程则是这些物理现象发生的过程。如果说降雨是一种天气的话，那么，又打雷又下雨、又闪电又打雷又下雨同样是一种天气。广州市年均日照时数 1 860 小时，年均太阳辐射量 107 千卡/平方厘米。每年 7 月份日照最多，多年平均为 231 小时；3 月份最少，平均为 78.9 小时；2—4 月较少，月平均 17.3 天；3 月份阴天最多，达 20 天；10 月份晴天最多。全年平均气温 21.8℃，北部为 21.7℃，南部为 21.8℃。1 月份气温最低，多年平均温度为 13.3℃，极端最低温度为 0℃。7 月份气温最高，平均温度为 28.4℃，极端最高温度为 38.7℃。全年日均气温≥0℃的总积温为 7 979℃，≥10℃的总积温为 7 639℃。全年无霜期达 345 天，霜冻日年均 2.7 天。年均降水量 1 707 毫米，年均降雨日 151 天。历年雨季始于 3 月下旬，终于 10 月下旬，持续时间200天左右。灾害性天气主要有寒潮及低温霜冻、低温阴雨、龙舟水、台风暴雨和寒露风等。这就是广州的天气，也就是气候。

气候形成主要取决于三个因素：一是太阳辐射。太阳辐射指的是在各地各季节中太阳辐射输入量的数值。在北半球的低纬度地带，太阳辐射日总量一年四季都不高，而且变化不大。但高纬度地区不同。低纬度地区终年炎热，高纬度地区冬季严寒。二是大气环流。大气环流指的是地球表面上大规模的空气流动。随着空气的流动，热量和水分等也流动，导致太阳辐射因子的影响减弱，从而使许多同纬度的地区气候不同。我国的长江流域和北非的撒哈拉大沙漠都处于副热带纬度，且都邻近海洋。长江流域由于受到来自太平洋或印度洋季风环流的影响，雨量充足，四季分明；而撒哈拉沙漠则由于副热带高压的控制，干燥炎热，土壤沙化。三是下垫面。下垫面指的是地球表面的状况，包括海陆分布、洋流、地形、植被、土壤和人类经济活动等。下垫面对气候的影响主要是因为其对温、光、水、气的吸收和反应。大陆影响下的大陆性气候就显得夏热冬寒，海洋影响下的海洋性气候则显得冬暖夏凉；植被稀疏的地区气候变化较大且较热、较旱，植被茂盛的地区气候则变化较小且较凉、较湿。

在不同的太阳辐射因素、大气环流因素和下垫面因素的影响下，形成的气候自然不同。事实上，我国的气候就形成热带、温带和寒带三大气候带，以及15个小气候带。东部季风农业气候大区，位于我国东半部广大地区，其特点为：①季风活跃，夏季东南季风、西南季风盛行，潮湿气流向北、西北方向运行；②光、温、水资源丰富；③水热同季；④农业气候类型多样；⑤气候复杂，农业气象灾害频发。西北干旱农业气候大区，位于我国北部与西北部，其特点为：①太阳辐射强，日照时数长；②降水少，变率大，季节分配不均；③积温有效性高；④风能资源丰富，沙化严重。青藏高寒农业气候大区，东起横断山区，西抵喀喇昆仑，南至喜马拉雅山，北达阿尔金山—祁连山北麓，其特点为：①太阳总辐射能多；②年平均气温低，暖季温凉，最热月平均气温不高，积温少；③基本没有绝对无霜期；④水湿状况差异悬殊。

　　气候的不同不但存在和表现于不同区域上，而且存在和表现于同一区域上。在四季分明的地区，对一年来说，存在和表现的是春暖、夏热、秋凉、冬寒。对一天来说，夏季存在和表现的是早暖、午热、晚凉，冬季存在和表现的是早凉、午暖、晚寒。当然，还会不时出现突发性天气，如刮台风、下暴雨、闹干旱等。对雷州半岛来说，6—10 月就是台风季了。在一段较长的时空中，气候的变化是有规律的，是周而复始的。

　　与土壤相比，气候对作物特别是对水果的影响更大。在不同气候的影响下，作物特别是水果形成区域性生态。荔枝是岭南佳果之一，其根系在土壤温度 10～12℃时开始生长，在 12～20℃时快速生长，在 23～26℃时最适宜生长，在 30～33℃时生长较慢；营养生长要求的最低温度为 10℃，以 24～30℃为最适温度，花芽分化要求冬季有适度的低温，对糯米糍、淮枝来说，0～10℃适宜；开花坐果要求温暖天气，18～27℃为小花开放的理想温度，22～26℃则是花粉发芽的最适温度，低于 16℃或高于 30℃花粉的发芽率都会下降，22～27℃是分泌花蜜的适宜温度。这仅是荔枝生长发育对温度的要求，显然，对光、水、气、热等气候因子也有要求。仅此足可见气候对荔枝生长发育的影响，作物大都只能在相应的气候条件下生长发育。

　　土壤是可改造的，气候也是可改造。虽然目前人类对气候改造的力度是很小的，但改造却是客观的，效果也是明显的。一是保护原始森林，对一定区域中天然生长的树木和花草进行保护。保护了原始森林，也就改变了气候形成的下垫面，加大了地面对光温的吸收、对水分的含蓄、对二氧化碳的吸收和对氧气的制造。天山雪岭云杉林、长白山红松阔叶混交林、尖峰岭热带雨林、白马雪山高山杜鹃林、波密岗乡林芝云杉林、西双版纳热带雨林、轮台胡杨林、荔波喀斯特森林、大兴安岭北部兴安落叶松林和蜀南竹海等是我国保护得较好的原始森林。二是植树造林。植树造林的效果与保护原始森林基本相同，不同之处在于植树造林的树木是人工的，保护原始森林的树木是天然的。三是营造防护林。营造防护林也是人工植树造林的一种形式，不同的是，防护林主要种植于沿海、沙漠、戈壁地区，并主要种植木麻黄等耐风品种，以抵御风沙的袭击。目前，全国营造的沿海基干林带超过1万千米。四是建设田园林网。从某种意义上说，建设田园林网既是人工植树造林的一种形式，也是营造防护林的一种形式，不同的是，田园林网主要种植于田园四周，并往往以方格的形式出现。调查结果表明，在田园林网内，通常可减缓风速30%～40%，提高相对湿度5%～15%，增加农作物产量10%～20%。雷州半岛农垦部门的橡胶园几乎都建设有方格林。五是发展覆盖设施。其特点是通过覆盖设施调节室内或设施区域小气候，抵御室外或设施区域外大气候，为农作物的生长发育、开花挂果建立理想温、光、水、气、热的空间。试验表明，地膜覆盖栽培一般能使5～10厘米的地温提高2～5℃，作物生育期的有效积温增加200～300℃；遮阳网覆盖，能遮强光、降高温、防暴雨，减轻台风、冰雹对作物的危害，使地面降温4～6℃，最大降温12℃以上；塑料棚、室能确保北方牲畜和鱼苗安全过冬。如果说气候的区域性使农业表现出生态性的话，那么，气候的可改造性则使农业表现出反季节性。

## 三、水

简单地说，水由氢气和氧气化合而成。一个水分子由两个氢原子和一个氧原子化合而成，这是从化学的角度来说的。对农业来说，水的形成主要是雨的形成。气象知识告诉我们，雨是这样形成的：在空气浮力和上升气流的作用下，悬浮于天空中含有$NaCl$、$SO_3$、$NO$、$MgCl_2$等凝结核的云滴由于水汽的不断凝结，半径由最初的小于20微米逐渐增大，与其他云滴互相碰撞而变得更大，当其增大到一定程度，其重力就会大于空气浮力，下降速度就会超过上升气流的速度，当在下降的过程中蒸发有余时，便降至地面，这就是雨。对农业来说，雨的形成是地表水的主要来源，地下水主要由于降水渗入、灌溉水渗入和地表水渗入而形成。

人们对水的最简单、最纯朴的利用莫过于因水而作，也就是在有水的水田种植水稻等嫌气性作物，在干旱的坡地种植甘蔗等好气性作物，在积水的水塘养殖需水、适水的鱼虾等水生动物。

当然，科学的用水在于建设水利工程。对地表水来说，是建库筑堰挖塘，将地表水集中起来。最初的成功始于大禹治水，古代著名的水利工程设施则是都江堰。对地下水来说，是打井，将地下水抽上来。打井抽水灌溉经历了竹管井、大锅钻井、水泥管井、钢管井、岩石壁井和手摇泵抽水井等形式，现在主要是机井，主要有大口径和小口径两种。20 世纪 90 年代初，仅北方井灌区就有 3 000万亩。实践证明，大口径井每眼可灌 200 亩，小口径机井每眼可灌5～10 亩。

科学的用水既在于地表水的集中、地下水的抽提，更在于水的灌溉方式。最初，水的灌溉主要是漫灌。漫灌可使田园各部分湿度均匀，却用水较多。后来逐渐改为沟灌。沟灌可使水分相对集中到作物根系所到之处，既实现用水较少的目的，又实现满足作物需水的目的。沟灌比漫灌节水，但更节水的是采用节水设备，推广节水技术，如喷灌、滴灌、微滴灌和膜下滴灌等。试验表明，粮田喷灌节水 55％，节省劳力 50％，增产 20％；菜地喷灌节水 50％，增产 15％～30％；坡地喷灌节水 50％，增产20％～30％；滴灌比地面灌节水 70％～80％，比小畦灌节水50％～60％，比喷灌节水 30％。节水技术逐渐成熟、普及，并呈强劲的发展态势。

## 四、生物

农业动植物既以生物的形式存在和表现着，也与其他生物一起共同存在和发展着。

达尔文提出的进化论告诉人们，物种是在遗传和变异规律的驱动下，在自然环境的影响下，遵循自然选择、适者生存和优胜劣汰的原则，由简单到复杂，由低级到高级，逐渐进化而来。农业动植物是这样，其他生物同样是这样。研究表明，栽培一粒小麦由野生一粒小麦进化而来，栽培二粒小麦由野生二粒小麦的突变和各种突变类型小麦的天然杂交而来，而野生二粒小麦则由具有 A 染色体组的野生一粒小麦与具有 B 染色体组的拟斯卑尔脱山羊草天然杂交而成。

如果说物种的遗传性使物种得以繁衍、延续的话，那么变异性则使物种表现出多样性。尽管野生一粒小麦通过变异形成栽培一粒小麦、野生二粒小麦，继而形成栽培二粒小麦，但是野生一粒小麦仍然与栽培一粒小麦、野生二粒小麦、栽培二粒小麦同时存在着。野生一粒小麦的存在表现着物种的遗传性、延续性，野生一粒小麦与栽培一粒小麦、野生二粒小麦、栽培二粒小麦的同时存在则表现着物种的变异性、多样性。

农业动植物这一生物的存在和发展决定着农业生产。如果说农业动植物的适宜性决定农业生产的布局和面积的话，那么农业动植物的多样性则决定农产品的种类和丰富，农业动植物的优良性决定农产品的单产和品质。显然，南方种水稻、北方种小麦，热带种甘蔗、温带种甜菜，既体现着农业动植物的适宜性，也体现着农业生产的布局；粮、糖、油，猪、牛、羊，鱼、虾、蟹，既表现着农业动植物的多样性，也表现着农业动植物的种类；杂交水稻，桂味荔枝，南德文黄牛，既彰显着农业动植物的优良性，又彰显着农产品的品质。

对农业来说，生物的存在和发展主要还表现在种质资源上。农业动植物新品种的培育需要种质资源作为杂交的母本或父本。野生稻也好，野生小麦也好，都可视为种质资源。对于种质资源，保护是基础，利用是目的。据报道，全世界已建成各类种质库，收藏多份种质资源。

## 第二节　田园层

田园层，是农业文化的物化形式和直观表现，包括田园、生产设施、农业动植物以及农业生产。

绿油油的作物

## 一、田园

田园是耕作化的土壤，土壤经过垦耕、熟化变成田园。田园包括：①耕地，即种植农作物的土地；②园地，即种植以采集果、叶为主的集约经营的多年生木本和草本作物的土地；③林地，即以生长乔木、竹类、灌木、沿海红树林等林木的土地；④牧草地，即以生长草本植物为主，用于畜牧业的土地；⑤水域，即用来养殖鱼、虾、蟹等的山塘、水库和浅海滩涂等的水域。

田园最基本的形态是土壤的熟化，可耕宜耕，疏松的耕作层具有供肥、供水的能力，形成的犁底层具有保肥、保水的能力。如果说刀耕火种的土地可算是田园的话，那么，沙多泥少的沙质田、含盐量高的海围田、土壤发酸的咸酸田和只长茅草的旱坡地等也可算是田园。当然，更普遍、更习以为常的田园是灌溉水田、水浇地、菜地、果园、桑园、茶园、橡胶园、有林地、灌木地、苗圃、天然草地、改良草地、人工草地和鱼塘等。

当田园以生产农业物质产品特别是农产品为主的时候，追求的是高产稳产。作为高产稳产田园，往往表现出：田块成型，田面平整；土壤沙泥比例合适，土壤养分含量较高、通风透气性好、供肥供水性强；设施配套，道路畅通，排灌分开，林带成格，电线成网。高标准农田应是高产稳产田园的典型代表。高标准农田土地连片、田面平整、设施配套、土壤肥沃、生态良好、抗灾能力强，采用现代农业技术、现代农业装备和现代经营方式，能实现旱涝保收、高产稳产。它是一个系统工程，有一个比较完整的指标体系。如土壤耕作层厚度在 30 厘米以上，有效土层厚度在 60 厘米以上，土壤理化指标满足作物高产稳产要求，做到旱能灌、涝能排、渍能降。

当田园既生产农业物质产品也生产农业审美产品的时候，追求的是高产稳产和风光优美。既高产稳产又风光优美的田园应该在满足高产稳产要求的同时，做到可种植农作物、饲养畜禽、养殖水生动物，通过与田埂、道路、沟渠、林带、电网、房屋和其他生产设施一起，与农业动植物一起，构成和谐的统一体，形成美丽的田园风光。

## 二、生产设施

生产设施，指的是服务于农业的生产工具和设备。生产设施一般包括水库、沟渠、道路、林带、农机、农具、机井、电网、棚架和房屋等。

从田园的角度，生产设施可分为可移动设施和固定设施。可移动设施包括锄头、镰刀、犁、耙、手扶拖拉机和耕耘机等，固定设施包括水库、沟渠、道路、林带、机井、电网、棚架和房屋等。从田园文化的角度来说，更具实际意义的是固定设施。

生产设施，从田园利用的角度上说，是田园不足的补充。耕耘机，可使不够疏松的田园耕层变得疏松；沟渠，可使水分不足的田园变得水分充足；道路，可使出入不便的田园变得出入方便；林带，可使气候不适宜的田园变得气候较适宜；机井，可使地表水不足的田园变得地表水充足；电网，可使田园上的机械得以工作；棚架，可使生长空间不适宜的田园变得生长空间适宜。

固定设施是与田园连在一起的，成为田园不可分割的一部分。当只考虑生产农业物质产品特别是农产品的时候，这些设施的选择和建设往往只考虑其功能的发挥。如沟渠是否有利于水的灌排，道路是否有利于人机的出入，林带是否有利于田间气候的调节，机井是否有利于地下水的抽提，电网是否有利于电力的供应，棚架是否有利于农作物的生长发育、开花挂果等。对沟渠来说，就是做到坚固、不渗漏、排灌自如；对道路来说，则是做到分布合理、纵横交错、宽窄有度、面平底硬；对林带来说，是做到形似方格、厚度适宜、抗风防沙、调节气候等。

当固定设施既考虑生产农业物质产品也考虑生产农业审美产品的时候，这些设施的选择和建设往往既考虑其功能的发挥也考虑其个体造型和整体组合。在做到功能发挥的同时，对沟渠、道路和林带来说，还应做到：在个体造型上，尺寸合比例，直的足够直，弯的有弧度；在整体组合上，分布合理，大小结合，不但互相之间和谐统一，而且与田园和其他设施和谐统一。

### 三、农业动植物

农业动植物是田园层的主要存在和表现。农业动植物包括农作物、树木、花卉、畜禽和水生动物等。农作物又包括水稻、甘蔗、蔬菜和水果等，树木又包括木麻黄、桉树、苦楝树等，花卉又包括玫瑰花、菊花、大红花等，畜禽又包括猪、牛、羊和鸡、鹅、鸭等，水生动物又包括鱼、虾、蟹等。

农业动植物是有生命的，以生根、发芽、伸茎、分枝、繁杈、长叶、开花、挂果作为生命的存在和表现。农业动植物又是农业的，以生命的过程生产着粮食、糖油、蔬菜、水果、树木、畜禽、水产品等农业物质产品和美观的产品、健美的植株、美化的田园等农业审美产品，满足着人们的物质需求和精神需求。

农业动植物在生命运动的过程中，利用本身的生理机能，与土壤、气候、水和生物等自然发生作用，并借助农业技术和农业装备的帮助。当这些要素和谐统一的时候，农业动植物的生命运动达到最佳状态，并生产出最丰富的农业物质产品和最理想的农业审美产品。

农业动植物的生长发育使田园表现出活力，使无生命的田园变成生命的载体。如果说"绿油油的稻田"表现着的是田园的生命存在，那么"金光闪闪的稻田"表现着的则是田园的生命价值，稻田字和稻田画等稻田艺术表现着的是田园的生命升华。

农业动植物生产的农产品及副产品通过加工设备变成一系列的加工产品。菠萝，在生产着菠萝果的同时，更是通过加工生产着菠萝罐头、菠萝汁、菠萝白酒、菠萝果醋、菠萝黄酒、菠萝干果脯、菠萝芯果脯、菠萝芯泡菜、菠萝浓缩果酱、菠萝蛋白酶和菠萝叶纤维等。随着加工技术的进步，菠萝还可加工出一系列其他产品。加工品与农产品及其副产品构成了一个十分多样的农业产品系列。

## 四、农业生产

在田园层中，田园、生产设施和农产品都能独立地存在，如休闲、待耕的田园，置放于工具室的锄头、镰刀和喷雾器，排放于农贸市场的蔬菜、猪肉和鱼虾，传列于超市的菠萝罐头、椰子汁和芒果干等。将它们结合在一起，就是农业生产。

将田园、生产设施和农业动植物的结合分为不同的层次。第一个层次就是其结合围绕农业动植物的生命运动来进行。农业动植物完成其生根、发芽、伸茎、分枝、繁权、长叶、开花、挂果的生理表现和生命过程，就是农业动植物的生命运动。在这一生命过程中，如果说生根、发芽分别是两种生理表现的话，那么，伸茎、分枝、繁权、长叶、开花、挂果也分别是两种生理表现。这时田园的耕层形成、疏松表现了这一点，作物的果实挂结、收成也表现了这一点。第二个层次则是其结合围绕农业动植物的生命价值来进行。农业动植物使其潜存能量得以充分体现，实现农产品的高产优质，则是其生命价值。在这一生命过程中，根是多的，芽是壮的，茎是粗的，权是繁的，叶是绿的，花是多的，表现着生理的强盛、生命的活力。这时的田园土壤肥沃，沟渠水分充足，作物产高质优。第三个层次是其结合围绕农业动植物的生命情趣来进行。农业动植物既阐释其物质能力，又彰显其艺术活力，就是其生命情趣。在这一生命过程中，根多、芽壮、茎粗、权繁、叶绿、花多等协调统一，与田园、沟渠等构成和谐的统一体，形成艺术之美。

# 第三节 行为层

行为层，是农业文化中的行为规范，即人们在农业生产活动中表现出来的活动行为，包括生产行为、研究行为、教育行为、推广行为、管理行为和涉农行为等。

采摘草莓

## 一、生产行为

生产行为，指的是种田者在种田中表现出来的行为。这里的种田者既包括农民，也包括到乡村、田园去游玩、进行劳动体验的游客。当然，主要是农民。这里的种田是广义的，包括种稻、植蔗、造林、牧羊、养鱼等农业生产。

农民是众多的，种田是多样的，生产行为自然是丰富的。可归纳为：使用农业劳动工具，利用农业劳动技能，作用于农业劳动对象，生产农业劳动产品。具体来说：种蔗，就是使用锄头、蔗刀和耕耘机等工具，利用"吨糖田"栽培技术，作用于蔗园和甘蔗，生产原料甘蔗及蔗糖。

生产行为是农业文化行为层的主要形式，有如下特征：

田园性。田园性指生产行为存在和表现于田园中的特征。农民种田在田园中进行，生产行为自然存在和表现于田园之中。盆栽作物和无土栽培虽不在田园中进行，但盆栽作物之花盆所装土壤其实是田园的花盆化，无土栽培之营养液其实是田园的营养液化，其仍为田园。基于此，生产行为主要以农民为表现主体。

季节性。季节性指生产行为存在和表现出季节规律的特点。"早造早稻—晚造晚稻—冬季种蔬菜"既是一种耕作制度，也是作物种植的季节规律。水稻生产一般经历插植、田间管理和收割三大阶段，这其实也是水稻生长的季节规律。在插植期，农民表现出来的行为是插秧；在田间管理期，农民表现出来的行为是除草、施肥、灌水、防虫、治病；在收割期，农民表现出来的行为是割稻。

重复性。重复性指生产行为存在和表现出周而复始的特征。农业生产是根据季节来进行的，季节年年都是周而复始的，年年都是春、夏、秋、冬，因此，其相应的行为就表现出周而复始。一般来说，是"日出而作，日落而归"的重复；具体来说，是"早造种早稻—晚造种晚稻—冬季种蔬菜"的重复。

简单性。简单性就是生产行为存在和表现出简单、机械的特征。农民在农业生产中所使用的工具也好，所应用的技术也好，总的来说，都是成熟的、实用的、可操作的，因此，其行为就自然简单了。锄头锄地，是锄头均匀地上下运动，十分简单；耕耘机犁地，是耕耘机的使用，不外于开动、驾驶、旋耕刀对土壤的切割；水肥一体化施肥，是水肥一体化设施的使用，不外于开机、操作、肥水通过管道流到作物中。

实在性。实在性是生产行为存在和表现着实实在在的农业生产的特征。农业生产的方式是实在的，包括锄头等农业劳动工具的使用、高产栽培技术等农业劳动技能的应用；农业生产的过程是实在的，包括备耕、种植、田间管理、收获；农业生产的目的是实在的，包括生产农业物质产品和生产农业审美产品。

## 二、研究行为

研究行为，指的是农业研究人员在农业品种培育、农业技术研究、农业装备研究和农业理论探讨中表现出来的行为。

研究人员、研究对象、研究方式、研究内容、研究结果都很多，而这些"很多"可作如下归纳：

探索性。所谓探索性，就是研究行为存在和表现着对未知事物及其运动规律揭示的特征。培育一个新的作物品种，是一种探索，也许这一品种与原有品种差别不大，但差别存在是实在的，其生理特性、形态特征和生长发育规律以及栽培要点都需要弄清楚。在探索中，研究人员往往表现出专注、坚毅，不畏困难，不怕失败，勇往直前，争取胜利。

复杂性。所谓复杂性，则是研究行为存在和表现着复杂劳动的特征。研究是对未知事物及其运动规律的探索，因此，存在着许多不确定的因素，从而表现出复杂性。常规育种是一种传统的育种方法，一个新品种的顺利育成一般需要 6 年时间，足可见研究的复杂性。面对复杂的研究，研究人员往往表现出沉稳、镇静，一如既往，持之以恒，分析问题，排除障碍。

创新性。所谓创新性，是研究行为存在和表现着对新生事物追求的特征。农业研究所培育的农业品种、研究的农业技术、探讨的农业理论，既是未知的，也是不同于以往的，因此，具有创新性。微型、中型和大型耕耘机的区别主要表现在主机功率的大小上，主机功率的大小变化就是一种创新了。在创新的过程中，研究人员往往表现出期待、向往，不求平稳但求变化，不求快速但求突破。

## 三、教育行为

教育行为，指的是农业教育人员在农业普通教育和职业教育中表现出来的行为。与研究行为一样，教育行为在"很多"之中可作如下归纳：

传授性。所谓传授性，指的是教育行为存在和表现着对受教育人员传授农业知识的特征。传授的农业知识是研究人员、实践人员的研究成果、实践成果，也是受教育人员所没有的。传授农业知识的目的就是让受教育人员学会这些农业知识。在传授中，教育人员往往表现出备课、讲课、辅导和实习指导等行为。

系统性。所谓系统性，指的是教育行为存在和表现着对受教育人员系统地传授农业知识的特征。一般的，系统的农业知识包括基础知识和专业知识，具体包括高等数学、物理学、普通化学、有机化学、农业化学、植物学、植物生理学、微生物学、土壤学、遗传学、农业气象学、作物栽培学、作物育种学、农业昆虫学和农业生产机械化等。在系统的教育中，教育人员往往表现出循序渐进、由浅入深地传授农业知识，既各司其职又同心协力地传授农业知识。

师徒性。所谓师徒性，指的是教育行为存在和表现着教育人员和被教育人员之间师徒关系的特征。教育人员是传授知识的，被教育人员是学习知识的，他们通过知识这一媒介形成师徒关系。基于师徒关系，教育行为往往表现出尽心尽力、平等互动、完全奉献等。

## 四、推广行为

推广行为，就是农技推广人员在农业新品种、新技术和新设备推广中表现出来的行为。同样"很多"的推广行为归纳起来具有如下特征：

实地性。实地性指的是推广行为存在和表现于相应田园空间的特征。任何品种、技术和设备都只适应相应的田园空间，新品种、新技术和新设备都只能在相应的田园空间进行试验、表征、示范。水稻新品种在水田，甘蔗新品种在坡地；水田栽培技术在水田，旱地栽培技术在坡地；插秧机在水田，种蔗机在坡地。因此，推广人员在推广中往往表现出有选择地进行，在实地中进行，关注田园、观察作物、分析数据。

示范性。示范性指的是推广行为存在和表现着新品种、新技术和新设备示范、推广的特征。示范、推广，就是让人们通过植物形态认识新品种，通过品种性能认可新品种，通过栽培过程掌握新品种；通过使用工具认识新技术，通过作物生长认可新技术，通过田园操作掌握新技术；通过外部造型认识新设备，通过使用效果认可新设备，通过实地操作掌握新设备。这时，推广人员往往表现出深入田间地头，种植作物，展现成果，讲解要点，解答问题。

对话性。对话性指的是推广行为存在和表现着推广人员和接受人员之间相互互动的特征。在推广的过程中，推广人员的最终目的是让接受人员（农民）认识、认可和掌握新品种、新技术和新设备。一方面，推广人员在主动地向接受人员普及这些知识的同时，还被动地对接受人员提出的新问题进行各种修正；另一方面，接受人员在被动地接受这些知识的同时，还主动地提出各种问题。因此，在推广的过程中，推广人员往往表现出耐心、细致、诚恳、和谐，在阐述中倾听，在倾听中阐述。

## 五、管理行为

管理行为，则是农业管理人员在农业行政管理、事业管理和企业管理中表现出来的行为。管理行为的"多样"归纳起来如下：

指导性。指导性就是管理行为存在和表现着管理者对被管理者进行指导的特征。从某种意义上说，管理就是管理人员从宏观上指导工作人员做好政策落实、工作计划、人员调配、资金筹措、物资配套、技术应用、项目实施等。在指导的过程中，管理人员往往表现出统领、要求、引导、贯彻、指点、教化等行为。

约束性。约束性是管理行为存在和表现着管理者依据有关法律、政策和规定等对被管理者进行约束的特征。从某种意义上说，管理就是规范被管理者的行为，并使行为落实于具体的事务之中，从而使事物朝着既定的目标发展，并在既定的时间内到达既定的目标。在约束的过程中，管理人员则往往表现出检查、督促、通报、表扬、批评、指正等行为。

条文性。条文性就是管理行为存在和表现着将管理的相关内容写成文字，制成文件，作为政策、条例、规定等的特征。其往往包括指导思想、目标任务、实施对策、具体内容、基本原则、工作步骤和管理措施，并做到条理清楚、逻辑严密、操作性强。在条文制作的过程中，管理人员往往表现出调查研究、撰写文本、征求意见、反复修改、审核定稿、印发文件等行为。

同一性。同一性是管理行为存在和表现着管理者通过管理使被管理者朝着一个共同的目标而努力的特征。任何一个项目、一项工作、一种事业都有一个共同的目标，就需要管理者的组织、管理，以形成合力。在目标推进的过程中，管理人员自然往往表现出目标的把握、计划的分解、任务的落实、人员的协调、进度的督促、问题的纠正、合力的形成等行为。

## 六、涉农行为

涉农行为，是涉农部门和人员在服务农业生产和经济活动中表现出来的行为。涉农行为的"多样"归纳起来如下：

多维性。在农业生产和经济活动中，离不开农资、供电、财政、工商、税务、交通和宣传等部门及其人员提供的相应服务，从而表现出多维性。其实，仅农资就足以使多维性得以凸显。农资包括种子、肥料、农膜和农具等，这些构成了农资的多维性。

这时，涉农人员往往表现出各司其职、各尽其责、各显其能等行为。

服务性。在农业生产和经济活动中，农资、供电、财政、工商、税务、交通和宣传等部门及其人员从事的都是服务提供，从而表现出服务性。种子、肥料、农膜和农具等都是农资，对农业部门及其人员来说是在农业生产中的使用，对农资部门及其人员来说是为农业生产提供服务。这时，涉农人员则往往表现出提供服务、满足需求等行为。

一体性。在农业生产和经济活动中，农资、供电、财政、工商、税务、交通和宣传等部门及其人员与农业部门及其人员构成一个完整的体系，开展农业生产和经济活动，从而表现出一体性。比如，在水稻生产中，备耕、育秧、插植、中耕、除草、施肥、灌水、防虫、治病、收割等固然重要，但离不开种子、肥料、农膜和农具等。这时，涉农人员往往表现出互促互补、合作共赢等行为。

# 第四节 知识层

知识层，是农业文化的知识形式、技能形式，即人们在农业生产活动中形成的用于生产农业物质产品和农业审美产品的知识、技能，是实践的经验、知识的累积、技能的升华，一般以文化载体的形式出现，如文章、报纸、杂志、书籍、音像和电影等，包括农业科普、农业科技、农业经济和农业管理等知识。

## 一、农业科普

农业科普，也就是农业科普知识，是可以普及、应该普及的知识。

这些知识的普及能促进农业生产发展。"三犁三耙"就是这样的知识，指的是对田园进行三次犁、三次耙。"三犁三耙"可使田园耕层深度疏松，土粒细碎均匀，提高土壤通透性和养分有效性，从而有利于农作物的生长发育。

这些知识形成于广大人民群众的农业生产实践，形成于农业科技人员的农业科学研究，不少知识是农业科技人员对广大人民群众的农业生产实践的总结。甘蔗合理密植源于蔗农的生产实践，后为甘蔗科技人员所总结、所推广。

这些知识是成熟的，是完全可以落地生根的，对一些农民来说是熟悉、掌握的，对农业科技人员来说是应该掌握的。

这些知识主要以资料和小册子的形式存在和表现，有的则制作成电影。

《农业美学初探》

## 二、农业科技

农业科技，也就是农业科技知识，是研究、开发的新知识，不少也是可以推广、应该推广的。

这些知识往往对农业的发展具有较大的作用，抑或提高产量幅度较大，抑或改良品质程度较大，抑或能使产品变成审美产品等。超级杂交稻可使水稻亩产由 600 千克左右提高到 1 000 千克，新台糖系列甘蔗品种可使甘蔗含糖量由 12％左右提高到 13％～15％，方形西瓜栽培技术可使西瓜由圆形变成方形等。

这些知识主要源于农业科技人员的研究、攻关和开发。如杂交水稻育种技术主要由"杂交水稻之父"袁隆平及其团队研究出来，超级杂交稻栽培技术则将这一技术发挥至极致。这一系列技术的研究成功不但极大地提高了水稻产量，而且表明了技术进步的意义。

这些知识随着研究的深入愈来愈成熟，愈来愈具有实用性和可操作性，但是在研究的初期往往不甚成熟。如杂交育种技术现在已十分成熟，但是超级杂交稻栽培技术仍处于摸索阶段。

这些知识对从事其研究的农业科技人员来说是了解、掌握的，但是，对其他农业科技人员和广大农民来说是陌生的，因此，是需要学习、推广的。一般来说，先由其他农业科技人员学习，再由农业科技人员向广大农民推广，让农民学习、了解、掌握、应用。

这些知识主要以论文的形式发表于杂志上，以专著的形式出版成书籍。

这些知识与农业科普知识是相对来说的，随着其不断成熟和广泛应用，逐渐成为农业科普知识。

## 三、农业经济

农业经济，也是农业经济知识，是进行农业经济分析、运行所需要的知识。

农业经济对农民来说主要是微观的，是农业生产成本的核算和效益的计算等；对管理人员来说则既是中观的也是宏观的，是农产品市场的预测、农业经济形势的分析和农业经济运行的把控等；对研究人员来说同样既是中观的也是宏观的，是农业经济规律的揭示、农业经济理论的研究和农业经济模式的建立等。

如果说农业生产的目的主要是使农业生产农业物质产品和农业审美产品，那么农业经济的目的则主要是形成经济效益。因此，农业经济知识可促进农业经济的发展。

农业经济知识的存在和表现形式主要是资料、论文和专著。资料主要是实用的，论文和专著主要是研究的。

## 四、农业管理

农业管理，自然是农业管理知识，是农业管理部门及其人员对农业被管理部门及其人员进行组织、协调、指挥等，实现农业既定目标所需要的知识。

农业管理包括目标管理、部门管理、人员管理、资金管理、技术管理、物资管理等。目标管理，就是通过管理，使与目标有关的所有部门及其人员朝着同一目标共同努力；部门管理，是通过管理，既发挥各部门的作用，又使其相互协调，形成合力；人员管理，是通过管理，在调动个人的积极性的同时，使大家团结一致，共同作战，共克难关，共奏凯歌；资金管理，指的是筹集资金、分配资金、节约资金、盘活资金、杜绝他用；技术管理，指的是通过管理，创造条件，充分地调动农业科技人员的主观能动性，有的放矢地、不畏艰难地开展农业科学研究，不断取得科研成果，并主动地、积极地、多维地将成果应用到具体项目中，创造效益；物资管理，与资金管理基本相同，只是管理对象由资金变成物资。

尽管农业管理是管理部门及其人员的事情，但仍存在高级、中级和初级三个层次。高级管理主要是宏观调控，中级管理主要是中观指导，初级管理主要是微观实施。

农业管理知识的存在和表现更多、更主要的是文件、规划、计划、制度、规定、政策、法律等。在这些知识中，规划、计划更显指导性，文件更显执行性，制度、规定、政策更显约束性，法律更显法律性。当然，它们都是一种管理手段，并往往以综合的形式使用。

# 第五节　精神层

精神层，是农业文化的最高形式，也是农业文化的灵魂所在、价值体现，更是资源文化、田园文化、行为文化和知识文化的升华。精神层指的是人们在从事农业生产活动中，在追求农业物质产品和农业审美产品的生产中，形成的有利于农业生产本身发展以及社会发展、人类进步的价值观念、思维理念、职业道德、行为准绳。进入这一层面的人们，从事农业生产活动就会成为其生命存在的形式、生活活动的内容、精神食粮的源泉、价值体现的形式。

## 一、价值观念

价值观念，指的是人们对事物的基本看法。

价值观念不是与生俱来的，而是后天形成的，受到知识、教育、实践、生活和环境等因素的影响。商人的价值在于财富，学者的价值在于学问。学习了科学，会将问题的探究作为乐趣。

价值观念同样受到农业生产实践活动的影响。在温饱问题尚未解决之前，人们普遍认为农业是生产农产品的物质生产部门，把追求农产品的高产优质特别是高产作为农业的价值体现，作物高产栽培技术成为人们研究的重点、推广的热点、价值的要点。随着温饱问题的解决，特别是随着休闲农业、美学农业的兴起和发展，人们对农业的看法逐渐发生变化，认为农业既是物质生产部门也是精神生产部门，农业的价值体现在农业物质产品和农业审美产品的生产中，应追求产量较高、品质优良、安全卫生、口感适宜和外观美观的农产品的生产，追求产品美观、植株健美、田园美化乃至村庄民俗化、自然生态化等农业审美产品的生产。

## 二、思维理念

思维理念，指的是人们思考问题的方式。

问题的解决取决于思考的方式，也就是思维理念。当思维理念妥当的时候，问题就会迎刃而解。

农业的发展过程是不断进步、不断创新、方法不断形成、问题不断解决的过程。农业的发展过程既可训练人们的思维能力，也可启发人们的思维方式，还可构建人们的思维理念。如果水稻亩产由600千克提高到1 000千克可使人们认识到事物是可以不断进步的，那么农业从只生产农业物质产品改变为生产农业物质产品和农业审美产品，则可使人们认识到事物是可以不断创新的；如果农业标准化生产栽培技术的研究成功可使人们认识到解决问题的方法是可以形成的，那么安全卫生农产品的生产则可使人们认识到问题的解决总是会有方法的。

## 三、职业道德

职业道德，指的是人们在从事的职业中必须遵循的基本要求。道德是一个具有约束力的行为规范。不过，这一约束力不是来自法律、法规和纪律等，而是来自社会的公共要求、公共自觉和个人的修养要求、修身自觉。在这里，社会包含如下几个层次：①整个人类社会；②国家；③地区，包括以行政区域为单位的地区和以文化等为主导的地区；④家族。个人则是每一个自然人。尊老爱幼是一种道德行为，既是社会的公共要求、公共自觉，也是个人的修养要求、修身自觉。

职业道德，自然就是某一职业中具有约束力的行为规范。农业职业道德是农业行业中具有约束力的行为规范，它既是农业行业的公共要求、公共自觉，也是农业从业人员的修身要求、修身自觉。随着人们生活水平的提高，人们愈来愈讲究食品的质量安全，因此，生产质量安全的农产品既应成为农业部门及其人员的自觉行为，也应成为农业部门及其人员的职业道德。

## 四、行为准绳

行为准绳，指的是人们对其在生活和活动中的行为要求和规范。

客观地说，道德的外在表现就是行为，但只是具有约束力的行为。行为的内在要求既包含了道德，也包含着其他。相对道德来说，行为的范围更广。

像道德一样，行为也有来自社会外部和个体内部的要求。行为准绳更多地表现为一种共同遵守、和谐统一。

从某种意义上说，农业的发展过程是一个愈来愈科学、理性、规范、有序的过程，这一过程自然陶冶出科学、理性、规范、有序的行为，并上升为一种自觉的行为准绳。显然，"日出而作，日落而归"是一种行为准绳，遵循二十四节气的农事活动也是一种行为准绳，水稻的育秧、插植、中耕、除草、施肥、灌水、防虫、治病、收割同样是一种行为准绳。

道德与行为的关系同样存在和表现在农业中。如果说标准化栽培、生产质量安全农产品更体现的是职业道德，那么规范化栽培、生产高产优质农产品更体现的是行为准绳。

# 第七章　农业文化的功能

天河智慧农业公园

## 第一节　积淀功能

农业文化是农业产生、形成、发展过程中有价值的东西逐渐积淀、形成的，因此，它具有积淀功能。这种积淀功能，往往表现出：

选择。在漫长的农业生产过程中，农业生产实践活动的内容是很多的，但是，有意义、有价值、值得保留并弘扬的只是一部分，

犁地

因此，就需要选择。如果说"第一个吃螃蟹的人"体现的是尝试，那么"神农尝百草"体现的是尝试和选择；如果说"第一个吃螃蟹的人"不见得与农业有关，那么"神农尝百草"肯定与农业有关。如果说能够食用是人类对农产品的最初追求，那么，人类对农产品的追求接下来依次就是：高产→高产、优质→高产优质、质量安全→产量较高、品质优良、安全卫生、口感适宜、外观美观。这既是对农产品的追求过程，也是对农产品的选择过程，还是农产品文化的发展过程。

累积。农业文化在其形成的过程中，不断地将有意义、有价值、相似的东西加以吸收、累积，并借此得以充实、发展。比如，徽派建筑既是一种建筑风格，也是一种建筑文化。作为一种建筑文化，它可以将同类风格的建筑吸纳进来，壮大自己，发展自己。如果说一系列徽派建筑积淀、形成徽派建筑文化的话，那么，徽派建筑文化不但会催生出一批又一批的徽派建筑，而且会将它们累积起来，形成更有实力、更具风格的徽派建筑文化。农业文化也一样。当农产品的高产优质成为一种文化的时候，就会引导农业朝着这一方向发展，促使其生产出愈来愈多的高产优质农产品，并将不断出现的各种高产优质农产品形成的文化吸引过来，累加起来，使这一文化更充实、更强大。一般的，农业文化的累加包含三个层面：一是同一方向同一水平的累加，如水稻亩产 700 千克形成的文化与另一水稻亩产 700 千克形成的文化的累加；二是同一方向不同水平的累加，如水稻亩产 700 千克形成的文化与水稻亩产 800 千克形成的文化的累加；三是不同方向的累加，如水稻亩产 700 千克形成的文化与菠萝亩产 4 000 千克形成的文化的累加。

定型。农业是不断发展的，农业文化也是不断发展的。在发展过程中，农业愈来愈进步，农业文化则在不断地选择、累加中逐渐成熟、定型。当然，定型是相对的。全国种植水稻的地方有许多，产量也不同，它们都会形成相应的文化。水稻高产文化自然会将这些文化吸收、累加起来，并将其定型为亩产 700 千克以上的水稻高产文化。水稻亩产能否达到 700 千克以上，既与种子的选育、保存和纯度等有关，又与田园、办田、育秧、插植、中耕、除草、施肥、灌水、防虫、治病和收割等有关。因此，水稻亩产 700 千克以上的水稻高产文化就应该包括这些要素。

# 第二节　导向功能

农业文化是农业的文化形式，也是农业与文化的统一体，因此，对农业的发展具有导向作用，即具有引导农业朝着既定的方向发展的功能。

任何农业文化都有导向功能，都引导农业朝着其相应的方向发展。刀耕火种是一种农业文化，精耕细作也是一种农业文化。如果说刀耕火种这一农业文化会引导农业朝着刀耕火种这一方向发展的话，那么精耕细作这一农业文化则会引导农业朝着精耕细作这一方向发展。

培育、打造一个积极、向上、先进的农业文化，就能引导农业朝着积极、向上、先进的方向发展，从而生产出满足人们日益增长需求的农业物质产品和农业审美产品。那么，积极、向上、先进的农业文化应该怎样定义？在此，借助康德对"文化"的定义而表述如下：具有崇高的理想、献身的精神、规范的行为、丰富的知识的农业生产、研究、教育、推广、管理和涉农人员，为了生产出满足人们美好生活需要的农业物质产品和农业审美产品，充分、科学、合理地利用农业自然资源，发展农业。

绿色引领　种业振兴

　　培育、打造一个积极、向上、先进的农业文化，关键在于培育、造就一支具有崇高的理想、献身的精神、规范的行为、丰富的知识的农业队伍。什么是崇高的理想？崇高的理想就是把能够生产不断满足人们美好生活需要的农业物质产品和农业审美产品的农业作为生命价值的存在和表现形式之一。什么又是献身的精神？献身的精神则是当农业成为职业的时候，就为生产不断满足人们美好生活需要的农业物质产品和农业审美产品而全力投入、尽职尽责。规范的行为是什么？规范的行为是遵循农业自然资源运动规律、农业发展规律和农业动植物生长发育规律，科学地、理想地、有序地发展农业生产。丰富的知识又是什么？丰富的知识应该是能够使农业生产不断满足人们美好生活需要的农业物质产品和农业审美产品的系统、全面、科学的知识。

　　随着一支具有崇高的理想、献身的精神、规范的行为、丰富的知识的农业队伍的培育、造就，培育、打造一个积极、向上、先进的农业文化就成为可能。当农业队伍以崇高的理想、献身的精神、规范的行为来培育、打造积极、向上、先进的精耕细作这一农业文化的时候，精耕细作的内涵愈来愈丰富，内容愈来愈具体，技术愈来愈成熟，操作愈来愈容易，效果愈来愈明显，文化愈来愈厚重，引力愈来愈强大，从而有力地引导农业朝着精耕细作的方向发展。

一般来说，积极、向上、先进的农业文化可引导农业朝着广度、深度和创新三个方面发展。如果说同一事物同一水平的扩充是广度的发展，那么同一事物不同水平的提高则是深度的发展，事物的变革是创新的发展。节水技术是一项先进的灌溉技术，也是一种先进的灌溉文化。当节水技术在节水灌溉文化的引导下，由一个省份的范围扩大到数个省份甚至全国，由100万亩的面积扩大到1 000万亩甚至上亿亩，由蔬菜这一作物扩大到香蕉甚至更多种作物，这都是广度的发展；由喷灌提升成滴灌甚至微滴灌，则是深度的发展；由纯水灌溉变革成水肥一体化灌溉，则是创新的发展。事实上，我国的节水技术正在节水灌溉文化的引导下朝着广度、深度和创新的方向发展着。

# 第三节　联贯功能

农业文化是农业生产活动的积淀，因此，具有联贯功能，即具有将方方面面的农业有机地联系、贯穿起来的作用。

就纵向来说，主要是农业的发展历史，是农业从原始农业发展到古代农业、近代农业，再发展到现代农业，并朝着未来农业发展。不管在什么时代，农业都是农业劳动主体使用农业劳动工具、利用农业劳动技能、作用于农业劳动对象、生产农业劳动产品的过程。最具代表性、典型性的是石器、铁器和机械等。这是整个农业的发展历史。其实，农业的任一侧面也存在和表现着发展历史。就大的侧面来说，就是农业劳动主体、农业劳动工具、农业劳动技能、农业劳动产品等。这些大的侧面也好，进一步细分的侧面也好，都可形成其自身的发展历史。以灌溉方式具体来说，从漫灌到沟灌、喷灌、滴灌，再到水肥一体化灌溉，就是其发展历史。

现代农业科技推广长廊

这是纵向的，横向的呢？横向的就是同一时期农业各个侧面的同时存在和表现。在原始农业时期，存在和表现着农业劳动主体、农业劳动工具、农业劳动技能和农业劳动产品等，在古代农业时期、近代农业时期、现代农业时期和未来农业时期同样存在和表现着。

众所周知，农业是实在的，任一农业生产活动在当时都是以实在的形式存在和表现，不同的只是有的以有形的、物质的形式存在和表现，有的以无形的、非物质的形式存在和表现。如果说田园、作物、农具、农资等是有形的、物质的，那么，技术等则是无形的、非物质的，技术必须借助农具、农资、田园、作物等来表现。水稻高产栽培技术必须借助锄头、犁耙或耕耘机等农具来办田、中耕、除草，借助肥料等农资来施肥、防虫、治病，借助田园来种植水稻。

随着岁月的流逝，这些当时的农业生产活动能留下痕迹的是相当少的，以无形的、非物质的形式存在和表现的农业生产活动逐渐消失于人们的记忆，以有形的、物质的形式存在和表现的农业生产活动或灭绝或破损，当然，也有留下实物痕迹的。例如，始兴于原始农业的刀耕火种等只能从记载着其的文章、书籍中唤起记忆，修建于秦国的都江堰水利工程至今不但仍然存在着，而且仍在发挥着作用。

　　然而，农业文化则不同。由于它是一种积淀、一种文化，因此不会随着岁月的消逝而消失。不但能够用文化的形式将各种类型、各个时期的农业生产活动记载下来，而且能够用文化的形式将它们有机地联系、贯穿起来。文化的形式有许多，最为大家所熟知、理解、接受的应是文字。刀耕火种已退出农业生产领域，但至少《农业辞典》有其词条，使其以文字的形式得以存在；徐光启著的《农政全书》也许有所缺憾，但比较系统地论述了明代以前我国历代的农业政策、土地制度、耕地垦殖、水利建设、农具式样、作物栽培、畜禽饲养、产品加工、抗灾救灾等；广东省农业发展史编委会编的《广东农业发展史（1949—1990）》则将1949—1990年的广东省农业联贯起来，形成一个比较完整的地区性、时期性的农业发展史。

# 第四节　凝聚功能

　　农业文化是一种精神、价值的体现，能够把从事农业的单位和个人凝聚到农业文化的旗帜下，共同为生产农业物质产品和农业审美产品而努力，从而使其行为得以规范、知识得以应用、能力得以发挥、理念得以升华、价值得以体现。这就是农业文化的凝聚功能。

　　农业文化之所以具有凝聚力，主要在于其是一种精神、价值的体现。农业文化所积淀的是农业生产活动的精华所在、价值所在。锄头所积淀的既不是锄柄也不是锄刀，而是松土的可能和好坏；锄地所积淀的既不是土层的松动也不是土壤的破碎，而是种植作物的可能和效果；种植作物所积淀的既不是作物的稳固也不是作物的生长，而是作物产量、品质的可能和程度。这些都使事物由表面进入内核，由表象进入本质，由物质升华精神，由客观升华价值。

　　十分显然，更具凝聚力的是内核而不是表面，是本质而不是表象，是精神而不是物质，是价值而不是客观。随着凝聚力的形成，就能将相关的人和事凝聚起来。

绿色农业馆

当倡导的是积极、向上、先进的农业文化的时候，锄头的价值在于锄头的质量，锄刀的坚硬和锋利，锄柄的适手和好用，在于锄头在尽可能少用力的情况下，能够又快又好地锄地；锄地的价值在于锄地的质量，土层松动得够深、土壤破碎得够细、土粒形成得够匀，在于能够很好地种植作物，利于其稳固、生根、发芽、吸肥、吸水，生长发育；种植作物的价值在于作物的高产优质，作物能够健康成长、扬花挂果，生产高产优质的农产品。

当积极、向上、先进的农业文化被大家认同的时候，人们就会自觉地、主动地、积极地凝聚到核心的价值观之下开展农业生产活动。制作锄头讲究质量，锄头锄地也讲究质量，种植作物则追求高产优质农产品的生产。

其实，关于农业文化的凝聚功能最有说服力的莫过于那些民俗化的农业生产行为。农历九月初九是重阳节，是登高的节日，也是雷州半岛地区村民做菠萝草的日子。在雷州半岛流传着"九月九做菠萝草"的风俗，即每到农历九月初九，村民就用刀来砍树菠萝的树茎的外表，绕着树茎由下到上一直砍到分枝点，目的是使其能够开花挂果。做"菠萝草"的开花挂果、硕果累累，不做"菠萝草"的花少果稀。其缘由应该是做"菠萝草"有利于生长，不做"菠萝草"不利于生长。"九月九做菠萝草"这一现实使我们看到：①它已成为一种风俗；②它能将种植树菠萝的村民凝聚起来；③它使村民的行为自觉、主动、积极；④它使村民的行为以"做菠萝草"为方式；⑤它使村民的行为显现出规范；⑥它以有利于树菠萝生长、开花挂果来体现价值。

## 第五节　协调功能

协调功能，指的是农业文化具备协调农业方方面面的作用。

挑担

　　农业文化之所以具有协调作用，首先在于其是各种农业生产活动积淀、形成的文化的总和。其总和包括农业、林业、畜牧业、水产业和加工业等各产业，生产、加工和流通等各领域，国、省、市、县、乡和村等各层级，生产、推广、研究、教育和管理等各方面，资源、田园、行为、知识和精神等各层次。因此，农业文化不但包含各种农业生产活动的文化的特点，而且使它们有机地融合在一起，形成一个互相包容的整体。这意味着，各种农业生产活动的文化在农业文化这一框架中是融合、协调的，是互依、互促的。田园是土地这一自然资源的耕作化，但其耕作只有适度、合理、科学，才能保持其自然性。要做到这一点，关键在于两者的协调。融合了资源文化和田园文化的农业文化能使其很好地协调起来。协调的田园是既可种植农作物，生产满足人类需求农产品，又不破坏自然的田园；协调的土地是既保持着自然性，又彰显着生产性的土地；协调的田园和土地是田园予土地以活力，土地予田园以生命。

农业文化之所以具有协调作用，其次在于其是各种农业生产活动及其文化的指引。农业文化具有先进性、导向性，自然具有指引的作用。要引导各种农业生产活动及其文化朝着一个共同的目标发展，首先必须协调好各负其责、各司其职的农业各产业、各领域、各层级、各方面、各层次的关系，再在此基础上，使其所负之责、所司之职成为这一共同事物的构成要素、共同目标的有生力量。

农业文化之所以具有协调功能，最后在于其是整个文化大系统中的一部分。农业的产生、发展可以积淀、形成农业文化，工业、商业等其他产业、领域、层级、方面、层次的产生、发展同样可以积淀、形成工业、商业等文化，从而构成整个文化大系统。在文化大系统中，其容纳的自然只能是那些与整个系统及其各构成要素相融合的要素，当然包括能够相融合的农业文化。就像一台手扶拖拉机一样，能够组合进去的只是必要的、可能的。螺丝是手扶拖拉机的构件之一，是必要的，但只有大小和长短都适合的才可能组合进去。这时，这种螺丝对手扶拖拉机及其各部件来说是协调的。通过协调得以融合、存在和发展的农业文化自然就具有协调功能，既协调着自身，也协调着文化大系统及其各构成要素。

农业文化的协调作用是多方面的，主要在如下四方面：第一方面是协调农业自然资源开发和保护的关系，使农业自然资源利用既能满足当代人的需要，又不影响后人的需要；第二方面是协调农业内部各部门、各层次、各方面的关系，使它们各自的利益都能在有利于农业发展这一共同利益的前提下得到相应的发展；第三方面是协调农业内部涉农单位的关系，使它们既有利于农业的发展，又有利于涉农单位的发展；第四方面是协调农业与社会的关系，使农业既能在社会这一大系统中发展，又能与社会其他系统互促互补，共同促进社会的发展和人类的进步。

## 第六节　品读功能

农业文化是农业在其产生、形成和发展的过程中积淀、形成的，因此，具有品读功能。

"国以农为本，农以种为先"

农业文化的产生、形成和发展是一个漫长的过程。在这一过程中积淀了许多事物。比较有品读价值的农业文化主要有：

一是历史文化，即由于岁月的流逝而积淀、形成的农业文化。一般来说，时间愈长的农业文化愈具品读价值。

二是稀有文化，即由于时间等原因导致稀有的事物所积淀、形成的农业文化。一般的，愈稀有的愈具品读价值。单孔石锄是新石器时代的石锄代表，但存世的已非常少，因此，其极具品读价值。

三是代表文化，即对某时期、过程等具有代表性的事物所积淀、形成的农业文化。一般愈具代表性的愈具品读价值。刀耕火种是原始农业的代表技术，对其文化的品读不但可了解其技术，而且可了解整个原始农业的技术。

四是典型文化，即某一地区、某一时段的某种事物所积淀、形成的农业文化。总的来说，愈典型的愈具品读价值。雷歌、雷剧是雷州半岛特有的歌、剧，也是该地区最具典型性的农业文化。对其进行品读，其特有的文化韵味是任何歌、剧都不可取代的。

五是源头文化，即某一事物的起始源头所积淀、形成的农业文化。大凡事物都有其源头，它使事物得以存在和发展，往往能给人以探索的兴趣、品读的味道。石器是农业工具的起源。对它的探索、品读，不但可达到认知的目的，而且可看到各种农业工具的影子。

六是脉络文化，即能够存在和表现事物发展过程的农业文化。米粉生产是一个过程，通过石砻、风车、椿臼、石磨等就能认知这一过程，品读这一昔日的米粉加工文化。石砻可使稻谷的米和壳分离，风车可吹去壳留下米，椿臼可使米变碎、变细，石磨可使变碎、变细的米进一步变成粉。

七是未来文化，即能够引导农业未来发展方向的农业文化。休闲农业、美学农业、智慧农业等都是一种新兴的农业产业，它们虽都不够成熟，但都是农业的一种方向。对它们的品读，不但可增长新的农业知识，而且可看到农业的未来。

# 第七节　审美功能

文化是无形的，却能以物化的形式存在和表现。灌溉文化是无形的，却能以戽斗、水车、水库、沟渠和机井等形式存在和表现；作为文化的节水技术也是无形的，却能用文字记载、表现出来，当

美丽的菜园

然，也能用图画描绘、表现出来；如此等等。

　　无形的文化以物化的形式给视觉以存在和可能。灌溉文化的物化形式是戽斗、水车、水库、沟渠和机井等，它们是可触、可摸、可视的；节水技术这一文化的物化形式是记载文字、描绘图画，也是可触、可摸、可视的；其他农业文化的物化形式同样是可触、可摸、可视的。

　　显然，在物化的农业文化中，有不少是以美的形式存在和表现的。锄刀和锄柄符合比例的锄头是美的，用樟木等红木制作的锄柄不但坚韧光亮，更是给锄头以美感；耕耘机只要造型别致，就不只是机械，还是审美对象；当记载刀耕火种的文字优美的时候，不但能将这一文化以白纸黑字的方式留存下来，而且能给阅读者以愉悦的感受。更具实证意义的是八棱八角的八角井、高低错落的吊脚楼、规整华丽的苗族服等。基于此，农业文化自然具有审美功能，也就是能够给人以视觉愉悦、审美享受。

　　不过，农业文化的审美性与一般审美对象的审美性不同。一般审美对象的审美性主要通过线条、色彩和组合来存在和表现，农业文化的审美性则是线条、色彩和组合的外在存在和表现。吊脚楼的高低错落这一外在形式存在和表现的是"天人合一"的建筑文化。北回归线既是一条自然之线、天文地理之线，也是一条农业生态之线。

农业文化审美性的特殊，使得其审美不同于一般审美对象。一般审美对象的审美主要通过其线条、色彩和组合的完美鉴赏来获取视觉的愉悦、心理的快感；农业文化的审美则主要通过存在和表现农业文化的线条、色彩和组合的特殊和完美鉴赏，在获取视觉的愉悦、心理的快感的同时，认知、品读农业文化。鉴赏吊脚楼，是通过高低错落的欣赏，品读其"天人合一"的建筑文化内涵。鉴赏"自然之门"，是通过门的特殊、结构的欣赏，品读出北回归线上的春分日、夏至日、秋分日和冬至日，以及引发出一年四季农事活动的联想。

## 第八节　旅游功能

农业文化既然具备品读功能、审美功能，那么就有可能成为景区、景点、景物。从某种意义上说，旅游的实质就是对景区、景点、景物的品读、审美。农业文化具有旅游功能。

市民游玩的地方

　　农业文化作为景物，可以成为旅游景区、景点的构成之一。在某一旅游景区、景点，置放一个遗留下来的石绞或修建一个土糖寮，就会成为这一景区、景点的景物之一。通过石绞或土糖寮，不但可以品读昔日的甘蔗制糖文化，而且可以丰富这一景区、景点的景物及其旅游的内容。

　　农业文化作为景点，可以成为景物集中展现的场地，成为旅游景区的构成之一。在农业文化景点中，往往陈列着一系列相关的农业劳动工具和农民生活用具，以及悬挂着一系列相关的农业图片，播放着农业相关视频。通过这些，使游客能够对某一地区、某一时期、某一方面的农业有一个比较全面、系统的了解。

　　农业文化作为景区，可以成为农业文化系列、全面展现的场地，成为旅游目的地之一。这类景区往往以特色文化村、农业公园、休闲农业示范区、美学农业园区、农业旅游区等形式出现。尽管形式多样，但都有如下几个共同的特点：一是景区以农业文化为主，其他景点、景物仅作为补充；二是以农业某一方面的文化为主题，如菠萝文化、砖红壤文化、北回归线文化和徽派建筑文化等；三是农业主题文化贯穿于整个景区，不但有主题景物（往往以雕像形式），而且派生出一系列反映主题文化相关的文化，并往往以文化符号的形式有机地融入景区中的所有或主要的项目之中，构成一个比较完整的农业主题文化；四是存在和表现农业主题文化的项目以不同的形式展现于景区之中；五是景区一般同时具备吃、住、行、游、购、娱六要素，并往往以农业文化的形式存在和表现，如吃农家饭、住民俗宅、行乡村道、游田园景、购农产品、娱民间乐。

# 第八章 农业文化的形式

农业文化是无形的，却可以物化为有形的，并以一定的形式存在和表现。

## 第一节 实 物

实物，就是实在之物，以物质的形式存在和表现，有形状，有体积，有重量，不可叠加，由分子组成。其形状的样式取决于分子的空间构成，其体积的大小取决于分子的间距，其重量的大小取决于构成分子的原子的质量，同一空间不能同时置放两个或两个以上的实物。

水，是实物，分子式为 $H_2O$，分子量为 18.015 克/摩尔，每个水分子由两个氢原子和一个氧原子组成。一立方米的水重一吨，一桶水占据的是一个水桶的空间；用桶来盛水，水是桶状的，更具形状意义的是水的特殊形式——雪，既可滚成球状——雪球，也可垒成人形——雪人。

当然，并不是所有实物都可以作为或成为农业文化的存在和表现形式。就水来说，能够作为或成为农业文化的存在和表现形式的只有水库水、山塘水和农民生活用水等，游泳池中的水、厂矿废弃的水和城市生活用水则不能。

一般来说，能够作为或成为农业文化的实物包括：①农业劳动对象。如耕地、园地、林地、牧草地和鱼塘等田园，粮、棉、糖、油、果、菜、树、猪、牛、羊、鸡、鹅、鸭、鱼、虾、蟹等农业动植物。②农业劳动工具。如石锄、石刀、铁锄、铁刀、手扶拖拉机和耕耘机等工具，以及水库、山塘、沟渠、机井、棚架和电网等设施。③农民生活用具。如衣、裤、帽、碗、筷、盆、床、椅、凳，以及清阳扇和摇床等。④农民娱乐玩具。如弹弓、骨牌、陀螺、朴筒、风筝、练武石、藤牌和康王鼓等。⑤乡村建筑与设施。如住宅、牛舍、猪栏、祠堂、土地庙、戏楼、牌坊、水井和铺子等。⑥乡村自然环境。如山岭、河流、湖泊、冰川、坑洞、石头、矿藏、树木、动物和土壤等。

追求完美是人类的天性，完整则是完美的基础。因此，作为实物，愈完整愈好，愈能保持原始的或最初的风貌。锄头有锄刀、锄柄，锄刀越锋利，锄柄越坚硬、光亮，锄头使用起来越得心应手。然而，由于岁月的流逝，在日晒雨淋和使用磨损等因素的影响下，作为农业文化的实物往往残缺、破损、不完整。一把完整的锄头往往仅剩下锄刀，即使是仅剩下的锄刀也往往刀口变钝、刀身生锈。一个昔日还算复杂的土糖寮，往往仅剩下石绞。

作为农业文化的文物，更具意义的是其历史性、代表性、典型性、文化性。年代悠久的、名人用过的、事件相关的实物往往更具文化意义。第一个高产田园、第一个连片高产田园、第一个全区域或地区高产田园、历史产量最高田园、历史面积最大高产田园等的文化意义自然相对更大。

实物分原生实物和修饰实物。原生实物指的是保持原来模样的实物。这里的原来模样并不仅指初始模样，还包括由于岁月流逝、日晒雨淋和使用磨损等因素而呈现出的受损、残破、不完全模样。只剩下锄刀的锄头、仅剩下石绞的土糖寮就是这样的实物。一般来说，原生实物可分为三种：①天然存在的原生实物，即自然创化而不经人为作用的实物，如天然存在的石头、天然生长的植被和天然生活的动物。②人为改造的原生实物，即经过人为改造但还基本保持原有状态的实物，如耕地、粮食作物和牛羊。③人为制作的原生实物，即人类利用各种材料制作而用于生活和生产的实物，如住宅、桌椅和犁耙等。

修饰实物指的是对原有实物进行各种修饰，使其恢复、保持原来模样的实物，一般来说，修饰实物也可分为三种：①制作样本的修饰实物，即被修饰的实物的结构组成、物理性质和化学性质均不改变，并往往用来制作样本。如土壤剖面样本取自土壤剖面，装于样本盒中，与母体的理化性质和剖面特征保持一致。②维护修复的修饰实物，即通过维护使破漏的房屋、缺了锄柄的锄头等恢复原来的模样。从文化或需求的角度来说，维修往往是修旧如旧。③制作标本的修饰实物。这有点类似制作样本的修饰实物，却改变实物的结构组成、物理性质和化学性质，往往仅保留实物的外部形态，主要针对农业动植物。如将水稻、甘蔗、花生等作物制作成标本。

显然，实物的最大特点是真实，可触，可视，可将其外部形态凸显出来。尽管有的是标本，有的是修复的，有的甚至残缺、破损、不完整，但总的来说，可通过外部形态的存在和表现给人以认知、鉴赏、品读。

# 第二节　图　　像

图像，是利用画笔或摄影设备，将实物以及各种活动定格于一定的时空之中的画面或影像。

图像是能广泛应用的一种文化形式，包括图画、相片、幻灯片、碟片、录像和视频等。图画，利用画笔将理想或期望的画面定格于一定的空间中。相片，则是利用摄影设备将理想或期望的影像定格于一定的空间中。与图画相比，相片更逼真。幻灯片，可以说是一系列或连续的图画。不过幻灯片可通过幻灯机来播放，而图画或相片则不能。至于碟片、录像和视频，原理基本相同，只是图像的制作和播放的设备不同。与图画、相片和幻灯片相比，碟片、录像和视频的图像是活动的，各种活动的动作是连续的，并完全可做到与真实的活动一致，却难以将最理想的影像定格。基于此，图画、相片和幻灯片更适宜于静止的文化形式，碟片、录像和视频则更适宜于运动的文化形式。当要表现田园和作物时，用图画、相片和幻灯片相对更适合；当要表现农民犁办田园和种植作物时，则用碟片、录像和视频相对更适合。

显然，一切农业文化都能以图像的形式存在和表现。不过，最值得用图像的形式来存在和表现的却应该是以运动方式存在和表现的农业文化，如生产活动、研究活动、管理活动和推广活动等。因为图像不但可存在和表现运动的瞬间和片段，而且可存在和表现运动自始至终的过程。同时，图像还可存在和表现运动所存在和表现的空间，也就是场景，从而使运动的实在、关系、情境、情趣、活力等得以客观地存在和表现。农作物是相对静止的，但其生长发育的过程是运动的，它在这一过程中生根、发芽、伸茎、分枝、繁枝、长叶、开花、结果，并伴随着农民的中耕、除草、施肥、灌水、防虫、治病。当用图像来存在和表现这一过程的时候，就是存在和表现农作物种植全程的文化了。通过这些图像，往往可以看到：①作物的植株形态；②作物的生长过程；③农民的劳作；④农民使用的工具；⑤农民应用的技术；⑥作物所种植的田园及田园中可能存在的道路、沟渠、林带、机井、房屋、棚架和周边的植被、山岭、水域、石头等环境；⑦其他存在和表现于田园中的事物。

图像能将物化的农业文化真实地存在和表现于其制作之时及制作之前。实物这一文化形式是真实的，图像这一文化形式也是真实的。不过，实物的真实仅存在和表现于鉴赏者、品读者鉴赏、品读之时，其后往往不存在或不再保持原来的模样。石锄，对当时制作和使用的原始社会的人们来说，自然可能是完整的，是有锄刀、锄柄的；但对现代人来说，则是不完整的，是没有锄柄的，锄刀也往往是破损的。图像则不同，由于其能够借助画笔绘制和摄影设施拍摄，因此，可将当时的物化的农业文化定格于图像之中，画笔还可将之前的农业文化定格于图画之中。

图像能够将存在和表现于其中的农业文化带到所期望的任何可能空间。作为鉴赏者、品读者，要鉴赏、品读实物，只能到实物所存在和表现的地方去。要鉴赏、品读田园，只能到田园去；要鉴赏、品读乡村住宅，只能到乡村去；要鉴赏、品读石锄，只能到陈列石锄的展馆去。而要鉴赏、品读图像，则可将图像带到所期望的任何可能空间。在田头可以，在树下也可以；在室内可以，在室外也可以。当图像或视频摄于手机中，那就是随身可带，随处可看，即使走在路上，也可看到田园、住宅、石锄。

图像的文化价值既在于其所存在和表现的农业文化，也在于图像本身。实物的文化价值完全取决于其本身，在于其历史性、代表性、典型性、文化性。图像愈清晰，农业文化表现得愈充分、愈完整，就愈有价值；图像愈能真实、客观地存在和表现农业文化，也愈有价值。荔枝、龙眼都是热带、亚热带水果，十分相似，作为图像，若能着眼于细微之处——椭圆形的荔枝叶和披针形的龙眼叶，那么就能很好地将两者区分开来，使鉴赏者、品读者能够将它们鉴赏、品读出来。

## 第三节 文 字

文字，是记录人类生活、生产活动和思想的符号。文字的创立，拉开了人类文明的序幕。我国的汉字为方块字，大体经历了象形文字、繁体字和简体字三个阶段。

文字的应用范围很广。任何农业文化都可用文字来描述。静态的可以，动态的也可以；人可以，物也可以；当日的可以，昔日的也可以；完整的可以，残缺的也可以；如此等等。如果说对作物的描述是静态的描述，那么对畜禽的描述则是动态的描述；如果说对农民的描述是人的描述，那么对住宅的描述则是物的描述；如果说对寺庙的描述是物质的描述，那么对歌舞的描述则是非物质的描述；如果说关于农业发展史的描述是纵向的描述，那么，关于农、林、牧、副、渔的描述则是横向的描述；如果说关于今天农业劳动的描述是当日的描述，那么关于原始农业生产的描述则是昔日的描述；如果说对有锄刀、锄柄的锄头的描述是完整的描述，那么对少了锄柄的锄头的描述则是不完整的描述；如果说对现有技术的描述是存在的描述，那么对失传技术的描述则是失去的描述。

文字能够比较详尽地、多维地描述农业生产和农民生活，使农业文化得以具体、系统、全面。当用文字来描述种稻的时候，至少可描述秧苗的培育、稻田的犁耙、稻株的插植、中耕与除草、施肥与灌水、防虫与治病、收割与入仓。当然，这些也可进一步描述，仅稻株的插植就可描述为：割秧的在秧田里将秧苗割起来；担秧的将秧苗从秧田担到大田来，并均匀地散放到大田里；插秧的身躯向前弓着，左手拿着秧，右手将秧苗插进田园里，每插满一行，就后退一步，并用右脚将前面的田面拨平，再继续插，随着一行行秧苗的插植，一块田园渐渐插满秧苗。

文字主要以纸为载体。当然，那是在造纸获得成功以后。在造纸获得成功以前，则先后用过龟壳和竹简等。纸的耐存时间较长，特别是通过防湿、防潮等耐腐处理的纸更耐存。通过文字这一形式能够使农业文化得以流传。春秋时期齐国管仲撰的《管子》就论述了水利和土壤等农业问题，《禹贡》简述了土壤种类和分布，《吕氏春秋·士容论》中的《上农》《任地》《辩土》《审时》专门论述了农业问题，《陶朱公养鱼经》在世界上第一次论述养鱼问题，西汉时氾胜之撰写的《氾胜之书》专门论述了区田法和溲种法等农业问题。这些成书于很多年前的书籍都通过文字及其载体得以流传至今。

文字以纸为载体特别是以纸印成的书为载体，使得其阅读起来十分方便。可以说，人们可将书带到任何期望的空间中阅读，当然，书房或春风习习的树荫下要更舒适些。人们也可在任一时间中阅读，当然白天要好些，早晨要好些，气温回暖的春天更有情趣。人们还可在需要或有空的时候拿起，不需要或有事的时候放下，到又需要或又有空的时候再拿起。一本书可用一天半天读完，也可用十天八天读完，还可用一年半载读完。

尽管所有农业文化都能以文字的形式存在和表现，但是，更具意义的主要有如下几种：一是文字所存在和表现的文化比较有价值。在农业工具的发展过程中，尽管铜器早于铁器，但更具代表性的是铁器而不是铜器，因此，存在和表现铁器的文字就要比存在和表现铜器的文字更有价值。二是文字所存在和表现的初始版本。文化用文字来存在和表现是可以反复进行的。一部书出版后，又可再版。从文化的角度来看，最有价值的是初始版本。三是文字所存在和表现的孤本。物以稀为贵，存在和表现文化的文字也一样，特别是孤本尤显珍贵。所谓孤本，指的是那些仅存世一两本的初始版本或较早版本。

现在来看看文字所具体、实在存在和表现的文化。《农业辞典》关于"火耕水耨"是这样描述的："我国古代栽培水稻的一种粗放方法。播种前，先把田里的杂草烧掉，然后引水种稻。在稻种发芽生长时，留在土里的草根和杂草种子也随着发芽生长；杂草长到几寸高时，就把它割掉，再灌一层水，淹死杂草，让水稻继续生长。"

# 第四节 艺　术

艺术是生活和生产的提炼、概括、升华，也是农业文化的存在和表现形式。艺术包括文学、书法、美术、影视、雕塑、戏剧、音乐、舞蹈和建筑等类别或形式。

文学是一种语言艺术，通过文字的组合来表现生活和生产，反映作者的思想和感情。它又包括小说、散文、诗歌和报告文学等。小说，通过人物形象的塑造、故事情节的叙述、心理活动的描写、矛盾冲突的设计和生活环境的展现等，反映和表现社会。散文，用杂谈、随笔、特写的形式来反映事物、表现社会。诗歌，用凝练的语言、生动的形象、丰富的想象、纯真的情感、优美的韵律，高度集中、简单概括地反映社会生活。报告文学，用散文的手法，以速写、特写的形式，描写现实生活中具有典型意义的真人真事。这些文学形式各具特色，小说具有故事性，散文具有抒情性，诗歌具有哲理性，报告文学具有真实性。

书法是一种文字的书写艺术，用艺术的形式来表现文字。汉字为方块字，由若干笔画和部分构成，有宋体、楷体、隶体和草体等字体，这就为其艺术形式提供了可能。当汉字讲究结构的布局、笔墨的轻重、阴阳的互补和整体的协调时，其艺术就表现出来了。著名书法作品《兰亭集序》的书法水平堪称书法之巅峰，那 20 个"之"字不但各具形态，而且与其所表达的意思相吻合。用书法来存在和表现农业文化的形式有：一是含有农业文化内涵的文字的艺术化，如可将猪、牛、羊、鸡、鹅、鸭、鱼、虾、蟹等文字写成形象的字样，作为艺术来欣赏现实中的动物；二是用艺术字来表达农业文化，如通过"笔画"的尺寸来说明北回归线的春分日、夏至日、秋分日和冬至日，以文章的形式来书写农业文化；三是将艺术字制作到农业物体上，如长字苹果"长"出的字、稻田字中的字、其他制作到农业物体上的字，都是具有书法水平的艺术字。

　　美术，从狭义上说，主要指绘画。它是一种形象艺术，通过线条、色彩和形体的组合形成静态的视觉形象，表达作者的审美情趣。美术有水墨画、水彩画、油画、版画和水粉画等类型。它们各有特色，都不是客观实在的简单临摹，而是源于生活、高于生活的艺术提炼。绘画可用来描绘农业人物，如农业劳动模范、农业科学家、种养大户和种田能手等。当然，作为艺术，不仅应做到形象，还应做到神像，充分地体现农业人物的勤劳、拼搏、探索、奉献等精神。绘画可用来描绘农业静物，如作物、农舍、山岭和池塘等。不仅应描绘作物的形态，还应描绘作物的生机；不仅应描绘农舍的造型，还应描绘农舍的风格；不仅应描绘山岭的雄伟或秀丽，还应描绘山岭的自然和生态；不仅应描绘池塘的幽静或清澈，还应描绘池塘的客观和生命。绘画可用来描绘乡村动景，如养殖的畜禽、野生的动物、劳作的农民和生活的村民。绘画可用来描绘乡村风景，如菠萝果、菠萝植株、菠萝田园和菠萝之乡。不仅应描绘菠萝的硕大，还应描绘菠萝果的情趣；不仅应描绘菠萝植株的健美，还应描绘菠萝植株的情怀；不仅应描绘菠萝之乡的美丽，还应描绘菠萝之乡的情调。

　　影视是一种视觉艺术，通过一个个连续、系统、运动的镜头构成的画面，塑造人物形象，叙述故事过程，表现矛盾冲突，展示生活场景，形成视觉形象，反映社会生活。影视主要是电影和电视，还包括视频、碟片和录像等在内。电影由于受时间限制，故事高度浓缩，剧情紧凑；电视每集虽有时间要求，但可连续数十集甚至上百集，故事逐渐展开，情节较为松散。在农业文化的表现中，影视与小说所表现的基本相同，不同的是影视用视觉形式、小说用语言形式。与小说相比，影视更真实、更生动、更形象，更具生活性、娱乐性。

雕塑，一种用竹子、木头、石块、玉石、金属、石膏、泥土等材料雕刻、塑造形成各种艺术形象的造型艺术。雕塑的艺术价值不仅在于材料，更在于造型。一般来说，材料愈坚硬、质地愈好，愈有价值。对于同一造型的雕塑来说，其艺术价值由低到高依次为：泥土→竹子→木头→石膏→石块→金属→玉石。雕塑在造型上应做到形象与神像的统一。所谓形象，就是所雕塑的物体在外形上应像物体，所雕塑的菠萝应像菠萝、生猪应像生猪、人物应像人物。所谓神像，则是所雕塑的物体要在外形上存在和表现物体的本质。作为农业劳动模范，应存在和表现出勤劳、致富的品质；作为农业科技人员，则应存在和表现出探索、创新的品质。所谓形象与神像的统一，是必须在形象的基础上具有神像的升华。值得一提的是，在农业文化的表现中，往往还用农业物品作为雕塑材料，如用桃核来雕刻"十二生肖"作为装饰物，用黄豆来雕刻"金陵十二钗"作为工艺品等。

戏剧，一种通过台词说唱、动作表演、音乐演奏来叙述故事、反映生活的舞台艺术。如果说影视是小说的银幕（或屏幕）化，那么戏剧就是小说的舞台化。如果说电视既不受空间的限制，也不受时间的限制，那么戏剧既受空间的限制，也受时间的限制。戏剧在有限的时间中叙述精彩的故事，既是优点，也是难点。优在高度浓缩，难在时空衔接。这就要求戏剧的艺术语言必须舞台化、动作化、音乐化，并做到精练、准确、多样、抽象、规范、生动。从农业文化角度来说，戏剧更有意义的是京剧、粤剧、昆剧、琼剧和雷剧等传统剧种及其所表达的农业生产、农民生活和乡村社会。

　　音乐，一种通过声音的组合形成节奏和旋律，表达思想感情的听觉艺术。音乐分为歌曲和乐曲两大类。乐曲完全是乐器演奏的结果；歌曲则以人声为主，往往也用乐器来伴奏。乐曲用节奏和旋律来表达内涵，歌曲则以歌词来表达内涵。在长期的生活和生产实践中，劳动人民创作了不少音乐，特别是创作了不少民间音乐。这些音乐源于民间，娱于民间。如阿炳创作并演奏的《二泉映月》堪称代表之一，更堪称二胡独奏代表之一。二胡在阿炳的拉动下发出的凄美旋律，表达着人们对美好生活的向往。值得一提的是，人们已经创作了一些专门反映、表现农业的农业歌曲。

　　舞蹈，与戏剧一样，都是舞台艺术。戏剧主要通过故事的叙述来存在和表现，舞蹈则主要通过动作的语言来存在和表现。在舞蹈中，动作是语言化、艺术化的。所谓语言化，就是舞蹈通过动作来表达意思，有点类似于聋哑人通过动作来表达意思、交流语言一般。这时，每一种动作就是一种符号，一连串的动作就表达一种意思，不同动作的不同组合则表达不同种意思。所谓艺术化，则是舞蹈动作具有审美意义，能给人以美感。这时，人体是美的，手脚是美的，每一种动作都是美的构图、美的化身，并随着动作的变化，构成能够表达意思的优美舞姿。作为农业文化，舞蹈主要以民间舞蹈的形式存在和表现，包括节令习俗舞蹈、生活习俗舞蹈、礼仪习俗舞蹈和劳动习俗舞蹈等。如苗族是一个喜爱舞蹈的民族，仅鼓舞就有花鼓舞、团圆鼓舞、年鼓舞、单人鼓舞、猴儿鼓舞、踩鼓舞、木鼓舞、铜鼓舞等。这些鼓舞既表现了苗族人民的生活，也丰富了苗族人民的生活。

　　建筑，是一种造型的艺术，也是一种凝固的音乐，还是一种实用的艺术。建筑通过红砖、水泥、钢筋、灰沙、木材、玻璃和铝合金等建筑材料的有机、合理、科学组合，形成既有造型又有空间的实用艺术品。建筑是一定地理、气候、资金、技术和生活条件下的产物。建筑主要是住宅，还有生产设施、生活设施和文化设施，生产设施如厂房等，生活设施如水塔等，文化设施如文化楼等。一般来说，理想的住宅应具有地区的适应性、居住的实用性、文化的多元性和审美的价值性。如纤细、秀气的徽派建筑粉墙黛瓦、砖木石雕，体现着"天人合一"的人文理念等。

# 第五节 综 合

综合，顾名思义，就是用实物、图像、文字和艺术中的多种形式存在和表现农业文化。

客观地说，任何一种形式都有其特点，也有其缺憾。实物，实在、真实，可触、可视，但不易保存，缺少艺术性、文化性、品读性；图像，清晰、可存，可移动，但也缺少艺术性、文化性、品读性；文字，详细、具体，可存、可读，但不可触、不可视；艺术，具有抽象性、文化性、品读性，但不够实在，不够真实。因此，就需要综合，使其特点得以凸显和利用，使其缺憾得以弥补和充实，从而使农业文化得以理想地存在和充分地表现。

龙血树

其实，在现实中，已有农业文化采用综合的形式来存在和表现。最常见的莫过于在实物、图像和艺术品中配上说明文字，使实物、图像和艺术品难以表达的内涵得以启发性点明、清楚性说明。

图像与实物结合，则使实物图像化，从而方便品读。艺术与实物相结合，使实物艺术化，从而彰显其美的存在。如果说那些古村落中的古建筑及其说明使实物与文字的结合成为现实，那么，展厅中关于实物的图片则使实物与图像的结合成为实在，关于实物的展览使实物与艺术的结合成为事实。

# 第九章　农业文化的建设

农业文化是一种有意义、有价值的客观实在。要使其得以利用，必须加以建设。

陈家祠堂

## 第一节　思想建设

认识是行动的指南，要建设农业文化，必须提高思想认识，统一思想认识。

提高思想认识，首先是提高对建设农业文化的必要性的认识。建设农业文化是农业文化自身发展的需要，是农业产业发展的需要，是经济社会发展的需要，是文化事业发展的需要，是休闲生活发展的需要。只有认识到这些，才能引起重视，激发热情，从而积极地投入建设中去，并尽最大可能做好做强。如亲自耕作文化体现了中华民族重农务本的思想。认识了这一点，建设就会成为一种自觉的行为。提高思想认识，其次是提高对建设农业文化的对象和内容的认识。农业文化有物质文化和非物质文化，有产业文化、特产文化、生态文化、地理文化、资源文化、建筑文化、历史文化、名人文化、民俗文化等类型，有实物、图像、文字、艺术、综合等形式。认识了这些，建设农业文化就能做到有的放矢，事半功倍。劳动人民在长期的水稻生产中形成了一系列的稻作生产礼俗，这是微观角度。若从宏观角度来说，最应该认识的是世界文化遗产和国家级文化遗产。国务院先后公布了五批共 1 557 个国家级非物质文化遗产代表性项目。提高思想认识，最后是提高对建设农业文化的方法和措施的认识。建设农业文化，方案是方向，组织是保障，人员是力量，技术是依靠，资金是落实。只有认识到这些，才知道应该从哪里着手，应该抓什么，从而确保建设顺利进行，达到预期的目的。广东省连南瑶族服饰刺绣，系广东省非物质文化遗产，其色彩浓郁、针法自由、造型简练，是一种富有艺术特色的刺绣。在保护和弘扬中，只有认识到其特色特别是其独特的刺绣针法，才能推陈出新，实现色彩、图案和工艺创新。

统一思想认识，首先是统一项目工作人员的思想认识。任何一个农业文化项目都是一个系统工程，其建设一般都涉及管理、技术和施工三个层面，每一层面往往都由若干人员组成，这就需要统一大家的思想，使全体参与人员都能对项目建设的重要性、对象和内容、方法和措施有一个共同的认识，从而使项目建设能够在共同认识的驱动下协调地开展。如雕像的雕塑完全可由雕塑家一个人来进行，但计划的制定、场地的落实和材料的运载却要

## 主要的稻作生产礼俗

| 名称 | 祭祀对象 | 祭祀时间 |
| --- | --- | --- |
| 迎春、打春 | 春牛 | 立春日 |
| 拜春 | 士庶相贺 | 立春日 |
| 加田财 | 田神 | 正月初四 |
| 谷日 | 谷神 | 正月初八 |
| 驱虫 | 刘猛将 | 正月十三日 |
| 兜田财 | 田神 | 元宵节 |
| 斋春牛 | | 二月初一 |
| 田公田婆生日 | 田公田婆 | 二月二日 |
| 稻花生日 | | 二月十二 |
| 牛食棕 | 牛 | 开犁之际 |
| 斋犁 | | 三月初一 |
| 斋土地神 | 土地神 | 支水车排灌稻田之际 |
| 祭蛇王 | 蛇王 | 四月十二日 |
| 祀刘猛将 | 田神 | 稻作生产的每个关键时节 |
| 斋谷神 | 谷神 | 育秧时节 |
| 开秧门 | 秧神 | 拔秧莳秧第一天 |
| 送糖茶 | | 插稻之际 |
| 汰脚日 | 土地神 | 莳秧完毕次日 |
| 斋龙宫 | 龙王 | 五月二十 |
| 烧田头 | 五谷神 | 六月初一 |
| 祈雨 | 龙王、观音等 | 伏旱盛时 |
| 驱虫 | 猛将等 | 八月稻田害虫盛时 |
| 稻生日 | 稻神 | 八月廿四 |
| 稻灯会 | | 稻谷成熟之时 |
| 开镰祭 | 五谷神 | 水稻成熟收获时期 |
| 稻箩生日 | 稻箩神 | 九月十三 |
| 念太阳经 | 太阳菩萨 | 收割脱粒后第一天晒谷时 |
| 斋砻头 | | 牵砻事毕 |
| 祭水碓 | 水碓神 | 年中碾米时（太湖地区有冬春米习俗） |
| 供灶神 | 灶神老爷 | 碾出第一臼新米时 |
| 烧田角 | 神 | 腊月廿四（农历小年）夜 |
| 斋牛棚 | 牛神 | 腊月廿四（农历小年）夜 |
| 照田财 | 田神 | 腊月廿三、廿五或正月二十、十三夜 |
| 积谷瓮 | | 平日 |

资料来源：殷志华，2019. 基于遗产旅游视角的农业文化遗产保护与适度利用研究 [C] //苏州农业职业技术学院. 农耕文化遗产与乡村振兴学术论坛论文集. 苏州.

由不同人来进行，这就需要合力，需要思想认识的统一。统一思想认识，其次是统一农业文化建设人员的思想认识。农业文化有许多，国家级非物质文化遗产代表性项目也有许多。这些项目尽管能够各自独立，但是，总是存在着这样那样的关系，并构成整个农业文化体系。因此，在建设中，必须统一思想认识，统一行动步骤。在稻作生产礼俗中，迎春也好，拜春也好，都是围绕稻作生产来进行的，全体参与人员只有将思想认识统一起来，这些礼俗才能有机地融入稻作生产礼俗中，形成理想的稻作生产礼俗。统一思想认识，最后是统一全社会的思想认识。建设农业文化是一个系统工程，不但涉及农业文化建设部门及其人员，而且涉及非农业文化建设部门及其人员，具体涉及政策制定、文化研究、技术研发、资金支持、物资供应、市场建设、文化消费等部门及其人员。这样，就需要统一大家的思想认识，把注意力、工作力投入农业文化建设中。一幢仅有几百平方米的展览馆，也是资金的转化、建筑材料的组合、建筑风格的表现、民俗文物的陈列、文化项目的落地、市民参观的景点等的集合，是涉及部门及其人员思想统一的交汇点。

提高思想认识，统一思想认识，关键在于宣传。利用会议、广播、电视、报纸、杂志、网络等，大力宣传建设农业文化的政策、意义、对象和内容、方法和措施，使其家喻户晓，深入人心。关键还在于参观学习。通过组织有关人员到建设农业文化做得比较好的地方，参观农业文化建设，学习成功的、先进的经验，让大家在"百闻不如一见"中提高思想认识，统一思想认识。

## 第二节　行为建设

要建设农业文化，思想认识固然重要，但是必须通过行为才能成为现实，因此，必须建设行为。

行为建设，首先是机构建设。机构是农业文化建设得以进行的组织保障。机构具有组织、指挥、协调等功能。一个强有力的机构能将相关的人、财、物组织起来，将各方的关系、利益协调起来，使农业文化建设在统一的指挥下朝着既定目标顺利地、有序地、理性地、高效地进行。一般来说，农业文化建设机构应抽调农业农村、文化和旅游等部门的相关人员组成。当然，具体情况应具体分析。当建设的是古建筑文化的时候，还应抽调住建部门的人员；当建设的是古驿道文化的时候，还应抽调交通部门的人员；当建设的是黎锦文化的时候，还应抽调纺织部门的人员。内蒙古自治区赤峰市敖汉旗组建了敖汉旗农业遗产保护中心，做好农业文化遗产保护及管理工作，敖汉旱作农业系统成功申报全球重要农业文化遗产，打造全国农业文化遗产保护与利用的典范。

陈家祠堂陈列的家具

行为建设，其次是队伍建设。人是行为的存在和表现，也是行为的指向和落实；队伍则是农业文化建设的行为归宿。一是认定非物质文化遗产代表性传承人。非物质文化遗产往往形成于民间、流传于民间，有的以家族式的形式传承。因此，要使其继承和发扬，就要认定、保护、扶持非物质文化遗产代表性传承人。国务院先后于2006年、2008年、2011年、2014年和2021年公布了五批国家级项目名录，共计1 557个国家级非物质文化遗产代表性项目

3 610个子项，每一个项目都有传承人。各地也公布了地方性的非物质文化遗产代表性项目及其传承人名录。刘胜记家族陶塑风格是石湾陶塑艺术的典型、优秀代表。石湾刘胜记，诞生于清代，经历了上百年，传承并延续了六代。到2022年，"石湾刘胜记"共有26位传承人，包括2位中国工艺美术大师，2位中国陶瓷艺术大师，3位正高级工艺美术师，以及1位国家级非遗传承人等。二是提高建设人员的业务水平。从某种意义上说，农业文化的建设水平取决于建设人员的业务水平。佛山木版画是我国四大著名年画之一，已被认定为国家级非物质文化遗产。它的创作讲究象征手法、线条粗犷刚劲、"填丹"和"描金"等。要发展佛山木版画，必须培育具备这些技能的专业队伍。三是培养建设人员的协调能力。农业文化建设往往是一个系统工程，由若干部分组成，由若干人员来完成。一幢文化楼，至少由墙、板、门、窗、梯等部分组成，至少由做门的、制窗的、造梯的等人员来完成。这就需要建设人员具有团队精神，具备协调能力，相互协作，才能圆满完成建设任务。民间舞蹈本身就是一个集体行为，是各位演员动作、舞姿完美结合、共同表现的过程。

行为建设，再次是技术建设。在农业文化的建设中，技术不可缺少，甚至可以说，建设的水平取决于技术水平。因此，必须研发技术。一是传统技术的继承。非物质文化遗产代表性传承既是人的传承，也是技术的传承。传统技术包括传统生产技术、传统生产工具制作技术和传统生活用具制作技术等。土糖寮是昔日的榨蔗制糖设备，但是，现在存下的最多只是石绞。笔者在负责广东省徐闻县广安民俗馆布展时，就修复、展览了一个土糖寮。当时，年轻一代的木匠几乎都不知道怎样修复，找了一名七十多岁的老木匠才得以修复。这表明，土糖寮这一传统的制作技术是需要继承的。二是传统技术的修复。由于岁月的流逝，有的传统技术已经流失，或仅留下只言片语和模糊记忆。这些技术都曾发挥着其应有的作用，在今天至少仍可起着丰富生活内容和生活体验的作用，因此，应尽可能地加以修复。如木牛流马、刀耕火种、火耕水耨，这些技术作为文化记载于书籍中，几乎已没有人使用了。在建设农业文化中，它们都是应该重新掌握的。三是实用技术的掌握。在技术建设中，更具普遍意义、大众意义的是实用技术，包括写作技术、编印技术、摄影技术、绘画技术、雕塑技术、歌舞技术、建筑技术、标本制作技术和展览技术等。在建设中，如果说技术的掌握能够使文化得以表现的话，那么，技术的纯熟能使文化得以淋漓尽致地表现，技术的多样能使文化得以多种表现。四是现代技术的利用。在当今社会，技术是日新月异的。这些技术应用到农业文化的建设中，不但能使农业文化以新的形式出现，而且能使农业文化更好地传承和弘扬。农业文化数字化的保护和利用既是现代技术之一，也是现代方向之一。对农业文化进行数字化处理，并将电脑和手机作为终端，保护和利用的效果都是理想的。

行为建设，然后是资金建设。在农业文化建设中，资金同样是不可缺少的，甚至可以说，建设的规模和质量取决于资金的多少。因此，必须建设资金。一是资金的筹集。资金的筹集应多途径、多渠道、多形式，最好是做到"政府拨一点、社会助一点、群众集一点"。这样不但可拓宽资金筹集门路，而且可有效地调动各方面、各层次的积极性。佛山市顺德区大良街道为广东省第二批历史文化街区，西山庙则为主要文化景点。西山庙原名关帝庙，兴建于明朝，其最大特点是"庙作城门"。1985 年 6 月重修扩建，1987 年重新正式对外开放。现主要靠政府每年拨付的 35 万～40 万元和约 20 万元的香火收入维持运转。显然，若再有其他渠道，效果将会更好。二是资金的管理。资金管理要做到合理使用资金，将有限的资金投放到需要的项目。一般来说，政府资金主要用于基础设施建设，社会和群众资金主要用于经营项目。同时，做到谁投资，谁管理，谁受益；做到专款专用，杜绝挪作他用。三是资金的利用。对于那些经营性的农业文化项目，要善于利用资金，不但要使资金成为项目落地的催化剂，而且要使资金成为项目盈利的催化剂。通过利用资金，使项目能够盈利，成为文化并持续地传承、弘扬、光大。

行为建设，最后是物资建设。在农业文化建设中，物资分两大类，一类是作为农业文化的物化材料的物资，另一类是作为农业文化的辅助材料的物资。在楼房建设中，红砖、水泥、钢筋等物资属于物化材料，用来搭脚手架的竹、绳和搅拌混泥浆的搅拌机等物资则属于辅助材料。物化材料也好，辅助材料也好，都应做到材料来源明确、运载工具落实、货物拖拉及时、仓储保管完好。对物化材料，还应做到数量足够、质量上乘、搭配合理；对辅助材料，还应做到辅助到位，足以确保物化材料顺利地、成功地、高效地组合成既定的目标物体。

# 第三节　符号建设

建设农业文化，关键是建设符号，并通过符号来存在和表现农业文化。准确地说，文化符号指的是文化的物化形式或文化形式，也就是实物、图像、文字和艺术等。

符号建设，首先是明确建设目标。一般来说，农业文化符号建设的目标主要有三个：保护文化，丰富生活，促进旅游消费。当然，这三个目标是相对来说的，是互相包含的。目标不同，建设的要求也不同。当以保护文化为主要目标时，主要应考虑文化符号的坚固性、存续性、完整性和真实性。这时，若雕塑雕像，所用材料就不应该是竹料、木料和泥土等，而应该是石料、金属和玉石等；所雕塑的雕像更强调的就不应是神像，而应是形象。当以丰富生活为主要目标时，主要应考虑文化符号的多样性、审美性、娱乐性和实用性。这时，若雕塑雕像，所用材料可多种多样；所雕塑的雕像也可多种多样，包括对象、形状、大小、色彩和用途等方面。当以促进旅游消费为主要目标时，主要应考虑文化符号的典型性、代表性、特色性和文化性。这时，若雕塑雕像，所用材料可选择当地特有的材料，如玄武岩地区可选用玄武岩，花岗岩地区则可选用花岗岩；所雕塑的雕像可以当地特有的农业文化为对象，如在海南省文昌市雕塑家禽应雕塑文昌鸡，在广州市增城区雕塑水果则应雕塑挂绿荔枝。

陈家祠堂陈列的佛山木版画

　　符号建设，其次是确定建设内容。可作为农业文化符号的东西有许多，如山岭、水域、道路、田园、作物、房屋、工具、用具、服饰、文件和图片等，但是，对某一具体地区、单位和项目来说，则不是包罗万象，而应该是有所选择，这样才能突出重点，有的放矢。因此，必须确定建设的内容。一是以存在来确定内容。拟建设的内容必须是当地存在或通过各种途径可以找得到的，不然的话，就会成为无源之水。例如，一份印象中十分有价值的材料，由于年深日久等种种原因已无法找得到，在建设农业文化时，就不必将其列为建设的对象、内容。二是以目标来确定内容。当建设农业文化以农业工具的保护和展示为目标时，就应该以锄头、镰刀、扁担、戽斗和水车等农业工具为内容；当以农民用具的保护和展示为目标时，则应该收集碗、筷、盆、床、椅等农民用具来进行；当以古村落的保护和利用为目标时，应该选择那些历史悠久、古建筑成群、比较完整、富有建筑特色、文化底蕴深厚的村庄作为对象。三是以要素来确定内容。农业文化各组成要素往往存在着一定的相互关系，如果说床、椅、凳、柜等构成室内家具布置的话，那么，石碾、风车、石砻、椿臼、石磨等则构成稻谷从稻穗到米粉的加工过程，石绞、绞杆、主寮、牛寮、煮糖的灶、打糖的床等构成土糖寮。这样，当建设的是室内家具布置、稻谷轧粉过程和土糖寮时，其相关的要素就应成为对象、内容。

符号建设，再次是选择建设形式。农业文化的建设内容都可用相应的形式来表现。这些形式主要有实物、图像、文字、艺术等。在建设中，应合理地选择，以便建设的内容能够很好地表现。一是以可能为条件。在农业文化中，最直观、最有说服力的是实物。实物包括工具、用具和书籍等，由于岁月流逝和日晒雨淋等原因，尚存于世的只能是部分实物，在建设中也只能使用尚存于世的那一部分。图像也存在这一问题，特别是相片，只能拍摄尚存在的物体或景观，对已消失的物体或景观是不能用相片这一形式来表现的。二是以目标为要求。当建设的目标以保护文化为主的时候，应尽量以实物的形式；当以促进旅游消费为主的时候，则应尽量以艺术的形式。以黎锦为例，昔日制作的残旧品更适合陈列于农展馆，现在制作的精美品则更受游客的喜爱。三是以内容为约束。人物可用图片、文字和雕像等形式来表现，但挂在墙上的以图片为宜，写入书籍的以文字为宜，安放于地面的以雕像为宜；作物也可用图片、文字和雕像等形式来表现，但用图片效果较好；技术同样可用图片、文字和雕像等形式来表现，但用文字效果更好。

符号建设，最后是落实建设项目。农业文化建设最终必须落实于项目建设之中，也就是使文化符号成为看得见、摸得着的客观实在。一是落实地点。农业文化符号建设要落实好建设地点，使项目不但得以建设，而且通过地点使其文化得以更好彰显。一般来说，应选择文化底蕴深厚的地区作为建设地点。当建设的是菠萝塑像的时候，就应该选择中国菠萝第一镇——广东省徐闻县曲界镇；当建设的是锄头、镰刀、水车等传统农具的时候，可选择博物馆；当建设的是桃核生肖、"金陵十二钗"黄豆和"奥运西瓜"等的时候，可在旅游区进行。二是落实设计。设计是施工的蓝图、符号的样本，应做到在外观上具有符号性、文化性、艺术性、审美性，在内容上具体细致、层次分明、解析清楚、图文配合，在操作上可施工、易执行。三是落实施工。农业文化符号项目的建设，应根据设计，先易后难，有序推进，做到落地有声，一步一个脚印，开工有时，竣工有期，开工热烈，竣工圆满。对于那些由若干个小项目组成的大项目，应动工一个，建成一个，动工一批，建成一批。四是落实质量。质量是农业文化符号项目工程的生命，应将质量贯穿于项目工程建设的每一环节和全过程，以质量标准为要求，以质量检查为约束，以质量验收为落实，做到材料符合质量要求、施工符合质量要求、工程符合质量要求。

## 第四节　开发建设

陈家祠堂陈列的工艺品

建设农业文化的最终目的在于利用，利用的理想方式就是发展旅游。发展旅游，一来可丰富人们的生活特别是文化生活，二来可增加经济收入，特别是通过经济的良性循环以维护、巩固、提高农业文化建设。

开发建设，首先是景区建设。景区建设包含两层意思：一是将整个景区打造成农业文化景区，如农作物的主题文化公园就属这类景区；二是在旅游景区中打造若干个农业文化景点或景物，如广州市越秀公园中的五羊雕像就可看作农业文化景点或景物。然而，不管是哪一层，旅游景区所建设的农业文化都应具有典型性、代表性，这样才具有吸引力，才能吸引人们的关注。例如，建设西瓜文化主题公园，就应建在"中国西瓜之乡"的北京市大兴区；建设菠萝文化主题公园，则应建在"中国菠萝之乡"的广东省徐闻县。同时，所设计、建设的景物在造型上必须有美感，在内容上必须有文化，在使用上必须有情趣，在组合上必须能和谐。因为有美感，才能引发人们的审美情趣，愉悦人们的审美心理，满足人们的审美需求；有文化，才能给人以品读、味道、内涵、提高、升华；有情趣，才能给人以娱乐、愉悦、回味；能和谐，才能与其他景物、景点，与整个景区，构成和谐的统一体，形成完整的审美对象，生成令人向往的旅游目的地。此外，所设计、建设的景物必须多种多样，形式多样，形状多样，色彩多样。在西瓜文化主题公园，西瓜有园栽的、盆栽的、液栽的，有圆形的、椭圆形的、方形的，有原生的、"长"字的、"长"画的，有实在的、图像的、艺术的，有栽培的、故事的、传说的……这样，就可给人以多维度、多形式、多层次鉴赏，从而达到丰富旅游生活的目的。最后，景区必须按照"吃、住、行、游、购、娱"六要素配套建设，以具备完整的旅游功能。不过，值得强调的是，配套建设最好有机地融入相应的农业文化，既丰富农业文化，又使景区富有特色。

开发建设，其次是旅游建设。①农业文化景区规模往往不会太大，如果其能够与其他景区连成一条旅游线路，就能在给游客带来多样感、丰富感的基础上实现增加客源的目的。因此，应善于将农业文化景区纳入旅游线路之中。在同一条旅游线路中，所纳入的景区最好是同类的。如在热带地区，当所纳入的景区分别是菠萝文化主题公园、香蕉文化主题公园、芒果文化主题公园、甘蔗文化主题公园和蔬菜文化主题公园的时候，一个热带农业文化自然就形成了。这时，当游客游玩完这一旅游线路，就能比较全面、系统地了解热带农业文化。②任何事物都有一个被认识、被了解、被接受、被欣赏的过程，农业文化景区也不例外。因此，对农业文化景区特别是对新建的农业文化景区必须大力宣传。在宣传上，应抓住农业文化的特色来宣传，宣传其认识之价值、品读之味道、鉴赏之情趣。一般的旅游内容也是要宣传的，包括地点、景点、气候、环境、线路、食宿、交通等。在宣传上，广播、电视等传统的宣传渠道仍可利用，但更具生命力的是现代的宣传途径，如微信等，通过这些平台，使其传播开来。③旅游建设的最终目的在于旅游，因此，应通过外揽客源、内强服务来开展旅游活动。在外揽客源上，认真分析游客的审美、猎奇、探源、寄托、体验、表现、休闲等消费心理，积极培育游客的文化素质、农业知识、审美情趣、休闲方式、生活观念和生命价值；在内强服务上，周密做好旅游活动的线路、饮食、住宿、交通、用品、形象、活动、时间和导游等计划，并在游客旅游的过程中，讲究线路的导游、景点的讲解、项目的进行、旅途的服务、灵活的应变和生活的融合。

# 第十章　农业文化的利用

农业文化的研究也好，保护也好，建设也好，其最终目的都在于利用。利用的实践为进一步从广度上、深度上利用指明方向，提供借鉴。

木棉文化旅游景区

## 第一节　北回归线生态旅游带建设与发展

地球上有五条主要的气候地理分界线，分别是北极圈、北回归

广东万里碧道西边坑段

线、赤道、南回归线、南极圈。其中，北回归线是唯一穿越我国境内的生态地理线。

北回归线，也叫夏至线、日长线，是一条太阳光线能够直射在地球上最北的界线，也是一条热带与北温带的分界线，中位线位于北纬约 23°26′，南北漂移最大值约 178 千米，延绵 37 000 千米。

北回归线穿越 22 个国家和地区，包括亚洲的中国、缅甸、印度、孟加拉国、阿曼、阿拉伯联合酋长国、沙特阿拉伯、越南、苏丹、巴基斯坦，非洲的西撒哈拉、毛里塔尼亚、马里、阿尔及利亚、利比亚、尼日尔、乍得、埃及，美洲的墨西哥、古巴、巴哈马，大洋洲的美国（夏威夷）。李建基（2019）认为，还包括亚洲的日本，即北回线穿越的国家和地区是 23 个。在中国，北回归线穿越中国台湾地区、福建省、广东省、广西壮族自治区和云南省等5 个省份，全长 2 500 千米，涉及村落约 31 800 个。

北回归线地区拥有丰富而独特的生态资源。这里夏长冬短，气候温和，雨量充沛，年均气温 18～22℃，年均降水量 1 500～2 000 毫米，无霜期超过 350 天。这里丘陵地貌，土壤肥沃，河溪纵横，林木茂盛。这里物种资源丰富，珍稀生物栖息，作物四季可种，普遍一年两造，三熟的也有，更是热带、亚热带作物的天然选择。

北回归线地区丰富而独特的生态资源伴随着人类漫长的生活和生产活动，催生出富有特色的北回归线文化，如天文方面的太阳文化、月亮文化、星星文化、中天文化，水域方面的海洋文化、潮汐文化、珠江文化，地域方面的岭南文化、广府文化，季节方面的历法文化、节气文化，生产方面的农耕文化、水稻文化，生活方面的饮食文化、服饰文化、语言文化、养生文化，其他方面的文学和艺术、宗教文化、民俗文化、洞穴文化、沙漠文化。

在社会需求的拉动和人类本能的驱动下，人们一直都在利用着北回归线资源，包括种植作物、养殖畜禽、生息繁衍等。这里主要谈其生态旅游带建设与发展。

北回归线标志的修建。法国工程师尼弗里士在1903—1909年建设位于云南省蒙自市草坝镇碧色寨村山梁上的碧色寨火车站时，在站房门前的青石板上刻上北回归线标志，这是中国乃至世界第一个非实体北回归线标志。至今，我国先后在云南省的西畴、墨江，广西壮族自治区的武鸣、桂林，广东省的从化、封开、汕头等地建了11个实体北回归线标志，是世界修建北回归线标志国家之冠。北回归线标志规模最大的是云南墨江北回归线标志园，占地面积330亩，建有回归之门、太阳之路和双子星广场等15个景点，富有哈尼族特色，在规模、功能、内容上都是世界北回归线标志中的第一。北回归线标志最具艺术性的是广东省南澳北回归线标志"自然之门"，不但任一角度看都是一个"北"字，而且通过"门"字笔画的尺寸表达春分日、夏至日、秋分日和冬至日的文化内涵。修建北回归线标志最多的省份是广东省，共修建了4个，分别是从化太平北回归线标志、封开江滨北回归线标志、汕头南澳北回归线标志和汕头鸡笼山北回归线标志。

北回归线旅游景区的建设。北回归线地区先后建起了不少旅游景区，广东省汕头、肇庆两市已发展成为"中国优秀旅游城市"，汕头市则建有旅游景区点30多处。在这些旅游景区中，有被誉为北回归线上的"绿色之星"——鼎湖山、"北斗星"——七星岩、"神奇之星"——星湖国家湿地公园。鼎湖山，位于北纬23°10′、东经112°31′，面积1 133公顷，最高处的鸡笼山顶高1 000.3米，从下到上依次分布着沟谷雨林、亚热带季风常绿阔叶林、常绿针阔叶混交林、针叶林、灌木丛等森林类型。其中，亚热带季风常绿阔叶林系原始次生林，已有400多年历史，保存较完好。这里有野生高等植物1 856种，其中国家重点保护植物23种、原生植物30种，有鸟类178种、兽类38种。这里负离子含量最高达12.5万个/立方厘米。这里景点众多，尤以庆云寺、蝴蝶谷、宝鼎园著名。七星岩，与鼎湖山相距18千米，面积8.23平方千米，由五湖、六岗、七岩、八洞组成，阆风岩、玉屏岩、石室岩、天柱岩、蟾蜍岩、仙掌岩、阿坡岩宛如七颗行星组成的北斗星，加上湖山相映、山洞相交、洞河相织而美若仙景，更以摩崖石刻群而彰显文化魅力，与鼎湖山一起被列入第一批国家重点风景名胜区。星湖国家湿地公园，实际是七星岩景区的湿地部分，总面积935.4公顷，其中湿地面积677.3公顷，主要由仙女湖、青莲湖、中心湖、波海湖、红莲湖和东调洪湖六个湖泊组成，有浮游生物236种、野生植物360种、栽培植物200种、脊椎动物267种，其中丹顶鹤数量居中国南方之最，引进的水禽有黑天鹅、鸳鸯、鸳鸯鸭、斑头鸭和鸿雁等。值得称奇的是，每到春分日、秋分日、夏至日，仙女湖都会呈现"双分双至"奇观；秋分日，仙女湖呈现"卧佛含丹"奇景；夏至日正午，仙女湖出米洞出现"立竿无影"奇象；冬至日夜零时，仙女湖出米洞的阴洞表现"月亮垂照"奇观。

北回归线生态旅游线路的开辟。一是规划北回归线生态旅游徒步线路。二是建设骑行旅游绿道。到2014年12月底，广东省已建成海岸绿道、南岭绿道、西江绿道、东江绿道、北江绿道、韩江绿道、鉴江绿道、漠阳江绿道等8条省立绿道，连接全省21个地级市500多个景点，共长10 976千米。三是保护和利用古驿道。充分修复、保护和利用古驿道资源，并与旅游步道和旅游绿道有机地联系在一起，共同打造北回归线生态旅游线路。四是建设旅游线路沿途景区、景点、景物。全方位、多层次地逐渐将旅游线路沿途的山川水域、风土人情、名胜古迹、镇圩村落、田园风光、自然生态建设等串联起来，丰富旅游活动内容。已建设广州融创乐园、耕山小寨农业公园、广州叶海生态园、石头记矿物园和晨采庄园等园区，明城、莲麻、大岭、江埔和东方等小镇，珠海院子、肇庆院子和龟峰院子等院子。

北回归线生态旅游活动的开展。北回归线地区旅游资源丰富，人们从北回归线生态的角度开展旅游活动。首先，这一活动最初以学术会议的形式进行。1997年、1998年和2001年分别在北回归线沿线的省份举办了相关的学术会议，广东省则从2011年以来连年举办北回归线文化科普和学术交流活动。其次，这一活动以文化活动的形式进行。作为文化活动，主要是夏至日组织青少年、中小学生等到北回归线标志处观测太阳直射活动，广东省的从化、花都、增城、汕头、肇庆和云南省的墨江、广西壮族自治区的桂平等地进行联动，使这一活动成为常态、产生共鸣。继而，这一活动才以旅游为主的综合活动的形式进行。这一活动最具特色的是兴办"北回归线上的足迹"活动：①2016"北回归线上的足迹"花都徒步大会；②2017"北回归线上的足迹"醉美花都行徒步嘉年华；③2017年10月6—7日的"'日行千里'2017骑迹北回归线·广汕500km团队挑战赛"；④2017年12月17日的"2017南粤古驿道之北回归线上的足迹"；⑤2018年5月19—20日的"2018花都文化旅游节暨北回归线上的足迹徒步嘉年华"；⑥2019年5月17—23日的"2019花都文化旅游欢乐节——暨北回归线上的足迹徒步嘉年华"。最后，这一活动的特点则是以会议的形式来驱动。2018年5月19—20日，由广州市北回归线生态文明促进会（筹）等单位在广州市花都区主办、召开了"北回归线地区生态文明建设与乡村振兴论坛"；2019年5月17—23日，由中国国家地理杂志社等单位主办、召开了"2019北回归线生态旅游带发展大会"。

# 第二节 民俗文物的收集、保护与展览

民俗文物就是人们在昔日的生活和生产中曾经使用过的生活用具和生产工具。

在长期的生活和生产实践中，人们制造和使用了许多生活用具和生产工具。这些生活用具和生产工具都具有地区适应性、使用实用性、文化多元性和审美价值性。地区适应性，指的是这些生活用具和生产工具制造时符合当时当地的地理、气候、环境、技术和经济等实际情况，适合当地使用的特征。如棉帽适应北方，草帽适应南方；竹排用于水乡，牛车用于山区。使用实用性，指的是这些生活用具和生产工具可用来生活和生产的特征。碗可用来盛食物，衣可用来遮体、保暖，锄头可用来锄地、起畦，镰刀可用来割稻、割草。文化多元性，指的是这些生活用具和生产工具在当时当地地理、气候、环境、技术和经济等因素的制约下积淀、形成相应文化的特征。棉帽适应北方，草帽适应南方，其实这就是不同的帽子文化；竹排用于水乡，牛车用于山区，水乡形成的是竹排文化，山区形成的是牛车文化。审美价值性，就是这些具有地区适应性、使用实用性和文化多元性的生活用具和生产工具往往由于外观的特别、美观而具有审美的意义。如果说方形的帽子会给人以方正的感觉，那么圆形的帽子会给人以圆整的感觉；如果说竹条排列整齐的竹排表现的是整齐美，那么结构合理的牛车表现的是造型美。

这些生活用具和生产工具所具有的地区适应性、使用实用性、文化多元性和审美价值性的存在使其具备保护、传承和收集、展览的意义。一是可以使人们了解昔日先民的生活和生产。通过葵扇，可以使人们了解昔日先民的解暑用具和解暑方式；通过水车，可以使人们了解昔日先民的抗旱工具和抗旱方法。二是可以体验昔日先民的生活与生产。通过葵扇的使用，可以体验葵扇的使用方法以及昔日先民解暑的方法和过程；通过水车的使用，可以体验水车的使用方法以及昔日先民抗旱的方法和过程。三是可以引发人们对当下和未来生活和生产的思考。通过葵扇，可以启示，解暑是空气的流动、热气的散发，电风扇、空调等解暑用具都应基于这一原理；通过水车，则可以启示，抗旱是将田园之外的水源引到田园来，水库灌溉、地下水抽提等同样应基于这一原理。四是可以品读其蕴含的农业文化。通过葵扇，可以品读葵扇文化；通过水车，可以品读水车文化。五是可以进行审美享受。葵扇大多编织成桃形，有的还绣上或烙上花鸟图案，既是扇风的用具，也是鉴赏的工艺品；制作工艺到位的水车，其艺术魅力同样会令人叹服。六是可以使人们看到中华民族精神。这些生活用具和生产工具是昔日先民改造自然、改造社会，发展生产、发展经济，谋求生存、谋求生活的器具和见证，通过这些可以使人们看到中华民族精神。

这些生活用具和生产工具由于岁月流逝、日晒雨淋以及更先进、更实用的生活用具和生产工具的研究、制造和使用而逐渐破损、消失或被取代，因此，收集、传承和保护、展览自然就会提上议事日程。建设展览馆并收集、保护和展览应是一种理想的形式。全国各地先后建起了一个个民俗文物或与民俗文物相关的博物馆或展览馆，如中国农业博物馆、中国农业历史博物馆、中华农业文明博物馆、中原农耕文化博物馆、关中农耕文化博物馆、尧治河农耕文化博物馆、清河县农耕文化展览馆、大别山农耕文化博物馆、耒阳农耕文化博物馆、西北农耕博物馆等。

中原农耕文化博物馆，位于河南省许昌市魏都区八一路 88 号（许昌学院东校区）。该馆于 2012 年 12 月 30 日建成开馆。该馆以河南省属许昌师范高等专科学校老校区 20 世纪 50 年代初建成的教学楼为风格、为尺寸建设，共两层，1 500 余平方米，设 18 个展厅 22 个部分。该馆展品 2 000 多件，包括太平车、石臼、石磨、石碾、风车、薯干擦子、纺车、虎头鞋、熨斗、床、柜、烟斗、锁、独轮车、牛车等。该馆除实物外，还配以图画、文字和场景等形式，真实、生动、全面、系统、充分地展示中原地区的农业生产和农民生活等农耕文明。该馆对校内外免费开放，吸引着广大师生和市民，极好地收集、保护和继承、弘扬了中原农耕文化，被列为河南省第五批爱国主义教育示范基地，荣获河南省 2018 年度优秀主题展览。

关中农耕文化博物馆，位于陕西省西安市高陵区通远镇仁村高陵场畔，占地 4 000 平方米，系国家 AAA 级景区，2016 年元旦隆重开馆。该馆设置农耕文化展示区，按照春耕、夏耘、秋获、冬藏的农耕顺序，通过展示犁铧、座椅、陶罐、钉马掌、碾子、水车、木轮大车、独轮车、架子车、扬场风扇、脱粒机、纺车、风车、斗笠、蓑衣、草鞋等 3 万多件传统农业生产工具和农民生活用具，展现昔日关中先民的生活和生产活动；通过集中设置染坊、油坊、粉坊、豆腐坊、铁匠铺、木匠铺、裁缝铺、剃头铺、杂货铺、当铺、肉铺、粮店、客栈、茶舍、书社、烟馆、酒肆、戏楼、银楼和镖局等，形成明清手工作坊一条街，让人们体验昔日关中先民的生活；开展斗鸡、斗羊、掷铁环、拔河、扔"手雷"等活动，让游客参与、体验昔日关中民俗游戏；设置农耕体验区，建设场畔小吃街，修建场畔影视城，营造关中文化长廊，搭建关中大戏楼等，让居民多维度、多形式参与、体验关中农耕文化。该馆集观赏、游览、品尝、体验、娱乐等于一体，丰富多彩，形式多样，每天吸引着上千名游客、居民。

尧治河农耕文化博物馆，位于湖北省襄阳市保康县尧治河村。尧治河农耕文化博物馆占地 4 500 平方米，展厅面积 1 800 平方米，分序厅、传统尧治河厅和现代尧治河厅，采用实物、雕像、图片、模型、影视和 LED 屏幕等形式，介绍尧治河独特的自然资源、历史背景和人文地理，展示尧治河传统的生活方式、农耕劳作和乡风民俗，展现尧治河的现代景象、和谐生活和未来追求。在馆中，那幅镶嵌在青山绿水中、雕刻着"尧"字的岩石的图片是那样美丽、和谐，那些传统的罐器、竹器、石器、钱币、服饰、茶具、厨具、量具、储具、衡器及各式生产工具是那样原生、真切，那一组组织布匠、木匠、针匠、雕刻匠、棕匠、画匠、梁匠等九佬、十八匠的雕像群是那样形象、生动，那一堵堵《尧治河农耕嬗变与记忆》等墙画是那样真实、简明，那一枚枚像章、一张张票据、一本本证件、一幅幅图画等是那样实在、明朗。

# 第三节 梯田文化的保护与利用

梯田，一种特殊的田园，一般依山岭的等高线由山脚到山顶修建而成，十分像楼梯阶梯，一级一级，逐级而上。

幽静的自然

梯田，历史悠久，我国早在秦汉时期就开始修建梯田。主要分布在江南山岭地区，尤以广西壮族自治区和云南省居多。

梯田有以下特点：一是依山岭的地形地势来修建，不破坏原生态；二是可用相对较少的投入，达到改造利用的目的；三是山岭修筑成阶梯状，有利于含蓄水分；四是使山岭成为良田，增加耕地面积。

梯田所处环境不同，所依山岭不同，所历岁月不同，所经人为不同，从而呈现出千姿百态，积淀出梯田文化。在梯田中，最具文化意义的是列入全球重要农业文化遗产的稻作梯田——浙江青田稻鱼共生农业系统、云南红河哈尼稻作梯田系统、贵州从江侗乡稻鱼鸭系统和中国南方稻作梯田系统（包括江西崇义客家梯田系统、福建尤溪联合梯田、湖南新化紫鹊界梯田和广西龙胜龙脊梯田系统），其次是列入中国重要农业文化遗产的河北涉县旱作梯田系统和浙江云和梯田农业系统。

这些梯田除具有一般梯田的特点外，还具有其固有的特点。一是历史长久。列入全球重要农业文化遗产的稻作梯田开垦得最早的是紫鹊界梯田，已有 2 000 年历史；最迟的是崇义客家梯田，也有800 年历史。二是规模宏大。列入全球重要农业文化遗产的稻作梯田规模最大的是红河哈尼梯田，面积 85 万亩，海拔 700～2 000米，田阶最多处 5 000 多级；最小的是青田梯田，面积 4 000 亩，田阶最多处 500 多级。三是生态系统。红河哈尼梯田形成"江河·梯田·村寨·森林"四度同构的生态系统，尤溪联合梯田形成"水系·田地·村庄·竹林"四度同构的生态系统，涉县旱作梯田形成"梯田·村民·作物·毛驴·石头"五位一体的生态系统。四是利用多样。这些梯田既有仅种植水稻的，也有种植水稻、蔬菜、玉米等多种作物的，还有稻鱼、稻鸭、稻虾、稻蟹、稻鱼鸭共作的。五是景观美丽。这些梯田都形成梯田景观，当种植上作物的时候，就像绿色地毯一般拾级而上。红河哈尼梯田规模宏大、气势磅礴、变幻无穷、神奇壮丽，龙脊梯田山清水秀、瀑布成群、景色秀美、四季有别。六是文化独特。这些梯田在建设和利用的过程中自然形成相应的梯田文化，那就是顺应自然、利用自然的文化。这一文化还渗透到当地的生活和生产中，催生出一系列的独特文化。如果说涉县旱作梯田催生出的毛驴文化体现的是生产性，那么，红河哈尼梯田催生出的蘑菇房和哈尼民歌体现的就是生活性了。

这些梯田具有固有的价值。一是历史价值。这些梯田开垦历史悠久，这意味着它们见证了社会发展、经济发展、农业发展。二是经济价值。这些梯田面积都很大，在当地具有举足轻重的经济地位。三是社会价值。这些梯田都是重要农业文化遗产，在国内外都有重大影响，因此，其保护和利用对社会的影响是毋庸置疑的。四是科学价值。这些梯田最具科学意义的是其生产性、生态性和审美性的统一。对其进行研究，得出成果，不但可进一步提高其科学水平，而且可推广到其他地区、其他田园。五是文化价值。这些梯田积淀、形成的梯田文化的存在和发展不但会丰富农业文化，而且会给人以独特的品读味道。六是旅游价值。梯田文化是独特的，梯田景观是美丽的，梯田自然就存在旅游价值。其文化可给游客以品读，景观可给游客以欣赏。

因此，对这些梯田进行保护与利用尤为必要。

列入重点。将这些梯田列入全国乃至全球重要农业文化遗产项目，重点加以保护和利用。在组织上，成立农业文化遗产保护与利用的领导机构与管理机构，配备人员，明确任务和职责。在制度上，根据实际制定农业文化遗产保护与利用管理方法，从政策、监督和奖惩上约束、确保农业文化遗产保护与利用的进行。在实施上，编制农业文化遗产保护与利用发展规划，分析情况，找出优势，明确目标，细化内容，列出重点，分好步骤，提出措施，指导农业文化遗产保护与利用有序地、理性地、科学地、顺利地向前发展，并达到预期目的。

修复设施。这些梯田的田阶或用石块堆砌，或用泥土夯实，或用石块和泥土混合构筑，但由于水土冲刷等原因，有的已破损，因此，修复、完善、提高很有必要。湖南省新化县统筹省市县各级专项建设资金，累计投入 20 多亿元，修复紫鹊界梯田，具体项目包括梯田保护与自流灌溉系统修复、小流域生态综合治理、民居风貌建设和景区观景台营造等。还按照旱化抛荒程度给予相应补贴，每亩最高补贴 2 500 元。

提高水平。提高这些梯田的生产能力很有必要。哈尼梯田的稻田养鱼、养鸭这一"渔稻共作"模式已有上千年的历史，但种养效益较低。针对这一问题，2015 年以来，中国水产科学研究院淡水渔业研究中心、云南省渔业局、云南中海渔业公司与当地政府一起，研究、筛选了适合不同区域、海拔的"稻—鳅""稻—鱼""稻—鱼—蛙"等"渔稻共作"模式，配套、熟化相关技术，在红河县推广 26.46 万亩，惠及 22 860 余户农民，户均增收 4 万余元，亩均增收 1 540 元。

与时俱进。这些梯田及其配套工程建设时间悠久，随着时间推移、社会发展、科技进步，有的已不适合当地现状，因此，必须与时俱进。如毛驴是涉县旱作梯田"梯田·村民·作物·毛驴·石头"生态系统的一员，在梯田系统中起着运输、生产、生态的作用，但随着现代装备的发展，被机耕机、拖拉机和电动三轮车等逐渐取代。面对这一问题，他们积极与时俱进，继续构建毛驴的生态功能，多养毛驴，秸秆过腹，多产驴粪，增强地力；重新构建毛驴的运输功能，调教毛驴性情，使其成为游客乘骑、游玩的娱乐工具；重新构建毛驴的生产功能，推广圈舍饲养、集约饲养，使其由役用变成肉用，拓展经营门路，增加经济收入。

文化活化。对梯田文化及其催生的系列文化进行现代化、艺术化、娱乐化和大众化处理，使其更能服务于当代、服务于当地、服务于社会、服务于大众。如由运输工具重新构建成娱乐工具其实就是毛驴文化的活化。当然，更具活化意义的是梯田文化催生出来的民间歌舞。哈尼梯田文化催生出来的哈尼歌舞很有特色，是哈尼族人表达心声和感情的艺术形式，比较知名的有哈尼四季生产调、哈尼多声部民歌、铓鼓舞、乐作舞、棕扇舞、白鹇舞和木雀舞等。这些歌舞大多先后被列入国家级非物质文化遗产名录，不但得以传承和保护，而且在艺术家的指导下日益得以活化。

发展旅游。发展旅游，既可提高梯田的品位，又可增加梯田的收入。事实上，这些梯田都已成了旅游目的地。发展旅游的关键就是使梯田具备"吃、住、行、游、购、娱"六要素。龙脊梯田，开辟了平安北壮梯田和金坑红瑶梯田两个景区，培育了"九龙五虎""七星伴月"以及西山韶乐、大界千层天梯和金佛顶等景点，设置了两个观景点，修通了三个入口线路，修建了很多乡村驿栈，展现着侗族、瑶族、苗族、壮族等民族的民风民俗，经营着龙脊茶叶、龙脊香糯、龙脊辣椒和龙脊水酒等龙脊四宝和龙脊土鸡、竹筒饭、农家烟熏腊肉、小鱼、小虾等风味小食，销售着红瑶刺绣头巾、花腰带、银饰叮当帽、壮族绣球、草鞋和手绣鞋等民族工艺品。其形成了国家 AAAA 级景区，成了游客旅游的理想目的地。

# 第四节　美丽中国建设

2023 年 12 月 27 日，中共中央、国务院印发了《关于全面推进美丽中国建设的意见》，指出："建设美丽中国是全面建设社会主义现代化国家的重要目标，是实现中华民族伟大复兴中国梦的重要内容。"这表明，"美丽中国建设"不但已成为国家重要战略，而且开始全方位实施。建设美丽中国是一项系统工程，需要从多方面、多形式、多维度、多层次着手，抓紧抓好。利用农业文化是建设美丽中国的一条有效途径。

木棉稻田音乐秀

美与文化的关系十分密切，互依互促。主要表现在：第一，文化的物化载体往往就是审美对象。文化是无形的，但都可通过物化而有形。饮食文化是无形的，但可通过美食而有形；服饰文化是无形的，但可通过服饰而有形；建筑文化同样是无形的，但同样可通过建筑而有形。这些有形的文化载体可以成为审美对象。菜料的各自造型、色彩以及相互间的合理搭配，再与所用餐具恰到好处地构成的菜谱，是美的；布料、款式、色彩和饰物完美组合成的服饰，也是美的；砖块、木材、玻璃、金属、水泥和灰沙等建筑材料和谐建成的建筑，同样是美的。第二，审美对象的美学价值往往取决于其文化价值。审美对象既是有形、可视、可触的，又是存在和表现形式美的客观实在。篮球、石锄、维纳斯雕像等都是客观实在，都是有形、可视、可触的，分别以圆形的球体、锄刀和锄柄组合的构体、惟妙惟肖的人体存在和表现美，它们分别蕴含着品牌文化、历史文化和原创文化。第三，审美对象的"各美其美"往往通过文化的联系、贯通、融合而实现"美美与共"。审美对象都是客观实在，都有其美的表现形式。这些形式有的差别不大，有的差别较大，也就是"各美其美"。酸汤鱼含有多种维生素，鲜美可口，止渴生津，开胃健脾，富有特色；苗族服饰花团锦簇，流光溢彩，鲜艳美丽，堪称中华服饰的瑰宝；吊脚楼高低错落，结构合理，优雅实用，体现着"天人合一"的理念。它们都"各美其美"，却分别属于饮食、服饰和建筑。它们是苗族文化在饮食、服饰和建筑方面的具体存在和表现，因此，能够通过苗族文化将其联系、贯通、融合在一起，形成一体的"美美与共"，存在和表现苗族文化美。

建设美丽中国需要农业文化。一是美丽中国的全面性需要农业文化。建设美丽中国不但建设蓝天、河湖、海湾、山川、田园，而且建设城市和乡村，即建设美丽中国具有全面性。美丽田园也好，美丽乡村也好，其建设都离不开农业文化。因为农业文化既是田园的内容，也是乡村的内容。如果说梯田文化是田园的农业文化内容，那么农舍文化就是乡村的农业文化内容。建设美丽田园、美丽乡村就分别需要建设梯田文化、农舍文化。同时，建设美丽梯田也好，建设美丽农舍也好，当分别将梯田文化、农舍文化有机地融合进去的时候，其美的存在和表现就不仅是形式，而是富含文化内涵，更具美学价值。二是美丽中国的特色性需要农业文化。建设具有中国特色的美丽中国，包括特色的蓝天、河湖、海湾、山川和田园，包括特色的城市和乡村，即建设美丽中国具有特色性。所谓特色，其实就是文化特色，是基于特色文化的美的存在和表现。美丽乡村基于农业文化或民俗文化，富有生命活力。在美丽乡村建设中，各地存在和表现的农业文化更是"十里不同风，百里不同俗"，这就意味着，只要基于当地的农业文化，建起来的美丽乡村就各具特色，千姿百态。苗族、黎族、朝鲜族村庄存在和表现的分别是苗族文化、黎族文化、朝鲜族文化，当其分别以这些文化为主题时，建起来的村庄自然富有苗族文化、黎族文化、朝鲜族文化特色。三是美丽中国的一体性需要农业文化。美丽中国由美丽蓝天、美丽河湖、美丽海湾、美丽山川和美丽田园组成，由美丽城市和美丽乡村组成。这些部分虽可各自独立，但并不是互相排斥，而是一个整体，即建设美丽中国具有一体性。美丽中国一体性的存在和表现靠的只能是中华大地上融入古今各种文化的中华文化。农业文化融入了中华文化之中，构成了博大精深的中华文化，通过中华文化，将蓝天、河湖、海湾、山川和田园，将城市和乡村连成一个完整的整体，并在美的建设中形成美丽中国。春节是典型的农业文化，也是典型的民俗文化，它的传承和发扬使中华民族凝结成一个强大的整体，它的氛围和活力使中华大地绚丽多彩。

利用农业文化，建设美丽中国。一是充分挖掘农业文化。我国既是一个农业古国，也是一个农业大国。如果说农业文化开启了人类文明，那么，5 000年文明史就包括了5 000年的农业发展史在内。我国幅员广阔，从南到北，从东到西，到处都种植着作物、林果，养殖着猪羊、鱼虾，广阔的大地更是分布着众多的村庄。如此庞大的载体加上如此长久的农业生产、农民生活，自然形成丰富的农业文化。在建设美丽中国中，我国先后发掘和认定七批188项中国重要农业文化遗产。挖掘农业文化，应深入田园、深入乡村、深入民间，不放过一切可能的发现。二是科学保护农业文化。农业文化多种多样，要将其高质量地保护起来，就必须讲究保护的方法。保护农业文化，应根据其重要程度分层次保护，即根据重要程度由高到低分别列为国家级、省级、市级、县级保护对象，这样，既能实现重点保护，又能基本实现全部保护。保护农业文化，应做到先急后缓。所谓"急"，就是濒临消失的，如即将倒塌的寺庙、面临死亡的古树和十分潮湿的古籍等。所谓"缓"，则是相对的情形，如陈旧的寺庙、古朴的古树和库存的古籍。先急后缓，既可及时地、妥善地保护农业文化，又能缓解人力、物力、财力的不足。保护农业文化，应根据对象相应地采用实物、图像、文字、艺术等形式。只有采用相应的物化形式保护，才能相对更好地存在和表现文化。寺庙、农舍和锄头等存在和表现的文化以实物的形式较好，现代的劳动、生活和舞蹈等存在和表现的文化以图像的形式较好，远古的劳动、生活和舞蹈等存在和表现的文化以艺术的形式较好，民间传说、民间故事和农业技术等存在和表现的文化以文字的形式较好。三是积极弘扬农业文化。挖掘、保护农业文化的最终目的在于利用，利用的最高境界是弘扬。在建设美丽中国中，弘扬农业文化应使农业文化得以延续，应使农业文化具有现代意义。应通过农业文化使对象与其他审美对象构成美丽乡村、美丽中国。

海南省昌江黎族自治县素有"中国木棉之乡"之称，田园的地头田埂天然地生长着一棵棵木棉树，每当木棉开花的时候，田园在木棉树及其花朵的点缀下表现出美轮美奂的点缀型田园美。同时，木棉为鸟类、昆虫等提供食物、栖息、筑巢等空间，附生兰科、桑科等植物，维持了生物多样性；木棉花蜜吸引害虫天敌和杂食性鸟类，对稻田害虫有捕食、趋避作用，有效控制害虫种类和数量，起着生物防治的作用；木棉根系发达、蜿蜒，能够稳固田坎、涵养水源，提高土壤含氧量，改善土壤细菌和真菌群落组成和多样性，改善稻田环境；大量凋落的木棉花分解、形成养分，提高稻田肥力。由此，形成木棉稻田农林复合系统。近年来，当地充分利用这一优势，建设以七叉镇排岸村为核心、以木棉稻田农林复合系统为基础、以木棉文化为主题的美丽昌江，保护、提升了木棉稻田农林复合系统，研制、开发了木棉稻米、木棉米酒、木棉稻米煲仔饭、凉拌三丝、凉拌木棉花丝、木棉花丝炒腊肉、木棉排骨汤、黎家木棉簸箕宴、椒盐木棉天妇罗、蜜渍木棉天妇罗、木棉水饺、木棉鲜花饼、木棉馅饼、五彩木棉冰汤圆、木棉牛角包等保健食品，创作、演出了以木棉稻田为舞台、以黎族歌舞为形式、以木棉文化为内容的木棉稻田音乐秀，打造、营建了集生产、研究、普及、休闲、度假、旅游于一体的排岸木棉文化旅游景区。

# 附录　中国重要农业文化遗产名单

## 中国重要农业文化遗产名单

### 第一批　中国重要农业文化遗产名单

河北宣化传统葡萄园

内蒙古敖汉旱作农业系统

辽宁鞍山南果梨栽培系统

辽宁宽甸柱参传统栽培体系

江苏兴化垛田传统农业系统

浙江青田稻鱼共生系统

浙江绍兴会稽山古香榧群

福建福州茉莉花种植与茶文化系统

福建尤溪联合梯田

江西万年稻作文化系统

湖南新化紫鹊界梯田

云南红河哈尼稻作梯田系统

云南普洱古茶园与茶文化系统

云南漾濞核桃-作物复合系统

贵州从江侗乡稻鱼鸭系统

陕西佳县古枣园

甘肃皋兰什川古梨园

甘肃迭部扎尕那农林牧复合系统

新疆吐鲁番坎儿井农业系统

# 第二批 中国重要农业文化遗产名单

天津滨海崔庄古冬枣园

河北宽城传统板栗栽培系统

河北涉县旱作梯田系统

内蒙古阿鲁科尔沁草原游牧系统

浙江杭州西湖龙井茶文化系统

浙江湖州桑基鱼塘系统

浙江庆元香菇文化系统

福建安溪铁观音茶文化系统

江西崇义客家梯田系统

山东夏津黄河故道古桑树群

湖北羊楼洞砖茶文化系统

湖南新晃侗藏红米种植系统

广东潮安凤凰单丛茶文化系统

广西龙胜龙脊梯田系统

四川江油辛夷花传统栽培体系

云南广南八宝稻作生态系统

云南剑川稻麦复种系统

甘肃岷县当归种植系统

宁夏灵武长枣种植系统

新疆哈密市哈密瓜栽培与贡瓜文化系统

# 第三批 中国重要农业文化遗产名单

北京平谷四座楼麻核桃生产系统

北京京西稻作文化系统

辽宁桓仁京租稻栽培系统

吉林延边苹果梨栽培系统

黑龙江抚远赫哲族鱼文化系统

黑龙江宁安响水稻作文化系统

江苏泰兴银杏栽培系统

浙江仙居杨梅栽培系统

浙江云和梯田农业系统

安徽寿县芍陂（安丰塘）及灌区农业系统

安徽休宁山泉流水养鱼系统

山东枣庄古枣林

山东乐陵枣林复合系统

河南灵宝川塬古枣林

湖北恩施玉露茶文化系统

广西隆安壮族"那文化"稻作文化系统

四川苍溪雪梨栽培系统

四川美姑苦荞栽培系统

贵州花溪古茶树与茶文化系统

云南双江勐库古茶园与茶文化系统

甘肃永登苦水玫瑰农作系统

宁夏中宁枸杞种植系统

新疆奇台旱作农业系统

## 第四批 中国重要农业文化遗产名单

河北迁西板栗复合栽培系统

河北兴隆传统山楂栽培系统

山西稷山板枣生产系统

内蒙古伊金霍洛农牧生产系统

吉林柳河山葡萄栽培系统

吉林九台五官屯贡米栽培系统

江苏高邮湖泊湿地农业系统

江苏无锡阳山水蜜桃栽培系统

浙江德清淡水珍珠传统养殖与利用系统

安徽铜陵白姜种植系统

安徽黄山太平猴魁茶文化系统

福建福鼎白茶文化系统

江西南丰蜜橘栽培系统

江西广昌莲作文化系统

山东章丘大葱栽培系统

河南新安传统樱桃种植系统

湖南新田三味辣椒种植系统

湖南花垣子腊贡米复合种养系统

广西恭城月柿栽培系统

海南海口羊山荔枝种植系统

海南琼中山兰稻作文化系统

重庆石柱黄连生产系统

四川盐亭嫘祖蚕桑生产系统

四川名山蒙顶山茶文化系统

云南腾冲槟榔江水牛养殖系统

陕西凤县大红袍花椒栽培系统

陕西蓝田大杏种植系统

宁夏盐池滩羊养殖系统

新疆伊犁察布查尔布哈农业系统

# 第五批　中国重要农业文化遗产名单

天津津南小站稻种植系统

内蒙古乌拉特后旗戈壁红驼牧养系统

辽宁阜蒙旱作农业系统

江苏吴中碧螺春茶果复合系统

江苏宿豫丁嘴金针菜生产系统

浙江宁波黄古林蔺草—水稻轮作系统

浙江安吉竹文化系统

浙江黄岩蜜橘筑墩栽培系统

浙江开化山泉流水养鱼系统

江西泰和乌鸡林下生态养殖系统

江西横峰葛栽培生态系统

山东岱岳汶阳田农作系统

河南嵩县银杏文化系统

湖南安化黑茶文化系统

湖南保靖黄金寨古茶园与茶文化系统

湖南永顺油茶林农复合系统

广东佛山基塘农业系统

广东岭南荔枝种植系统（增城、东莞）

广西横县茉莉花复合栽培系统

重庆大足黑山羊传统养殖系统

重庆万州红橘栽培系统

四川郫都林盘农耕文化系统

四川宜宾竹文化系统

四川石渠扎溪卡游牧系统

贵州锦屏杉木传统种植与管理系统

贵州安顺屯堡农业系统

陕西临潼石榴种植系统

# 第六批　中国重要农业文化遗产名单

山西阳城蚕桑文化系统

内蒙古武川燕麦传统旱作系统

内蒙古东乌珠穆沁旗游牧生产系统

吉林和龙林下参—芝抚育系统

江苏启东沙地圩田农业系统

江苏吴江蚕桑文化系统

浙江缙云茭白—麻鸭共生系统

浙江桐乡蚕桑文化系统

安徽太湖山地复合农业系统

福建松溪竹蔗栽培系统

江西浮梁茶文化系统

山东莱阳古梨树群系统

山东峄城石榴种植系统

湖南龙山油桐种植系统

广东海珠高畦深沟传统农业系统

广西桂西北山地稻鱼复合系统

云南文山三七种植系统

西藏当雄高寒游牧系统

西藏乃东青稞种植系统

陕西汉阴凤堰稻作梯田系统

# 第七批　中国重要农业文化遗产名单

北京怀柔板栗栽培系统

北京门头沟京白梨栽培系统

河北赵县古梨园

河北涿鹿龙眼葡萄栽培系统

河北泊头古桑林

山西浑源恒山黄芪栽培系统

山西长治党参栽培系统（长治市平顺县、壶关县）

内蒙古库伦荞麦旱作系统

辽宁西丰梅花鹿养殖系统

吉林长白山人参栽培系统（通化市集安市、白山市抚松县、延边朝鲜族自治州安图县）

上海金山蟠桃栽培系统

江苏吴中传统水生蔬菜栽培系统

江苏吴江基塘农业系统

浙江吴兴溇港圩田农业系统

浙江东阳元胡水稻轮作系统

浙江天台乌药林下栽培系统

安徽义安凤丹栽培系统

安徽青阳九华黄精栽培系统

安徽歙县梯地茶园系统

福建长乐番薯种植系统

福建武夷岩茶文化系统

江西湖口大豆栽培系统

山东昌邑山阳大梨栽培系统

山东平邑金银花—山楂复合系统

山东临清黄河故道古桑树群

河南宁陵黄河故道古梨园

河南林州太行菊栽培系统

湖北秭归柑橘栽培系统

湖北京山稻作文化系统

湖北咸宁古桂花树群

湖南洪江山地香稻栽培文化系统

广东增城丝苗米文化系统

广东南雄水旱轮作系统

广东饶平单丛茶文化系统

广西永福罗汉果栽培系统

广西苍梧六堡茶文化系统

海南白沙黎族山兰稻作文化系统

重庆江津花椒栽培系统

重庆荣昌猪养殖系统

四川北川苔子茶复合栽培系统

四川高坪蚕桑文化系统

四川筠连山地茶文化系统

贵州兴仁薏仁米栽培系统

西藏芒康葡萄栽培系统

西藏工布江达藏猪养殖系统

陕西府谷海红果栽培系统

青海三江源曲麻莱高寒游牧系统

宁夏平原引黄灌溉农业系统（石嘴山市平罗县，吴忠市利通

区、青铜峡市，中卫市沙坡头区）

 新疆叶城核桃栽培系统

 新疆昭苏草原马牧养系统

（本名单由农业农村部文件发布）

# 参考文献 REFERENCES

《农业辞典》编辑委员会，1979. 农业辞典［M］. 南京：江苏科学技术出版社.

蔡峰，2019. 岭南体育非遗活态传承影响因素及优化路径［C］//广东省社会科学界联合会，佛山科学技术学院. 2019 广东社会科学学术年会粤港澳大湾区特色文化资源调查与数字化保护论文集. 佛山：95 - 104.

陈玲杰，2019. 工艺类非物质文化遗产的保护、传承与发展之我见：以佛山木板画的盛衰与复兴为例［C］//广东省社会科学界联合会，佛山科学技术学院. 2019 广东社会科学学术年会粤港澳大湾区特色文化资源调查与数字化保护论文集. 佛山：86 - 94.

陈秋月，2018. 中国古农书中的棕榈科植物考察［C］//华南农业大学，中国农业历史学会. 农耕文明与乡村振兴学术研讨会论文集. 广州：74 - 86.

陈日玲，2019. 北回归线生态旅游带发展构想：兼谈"北回归线上的足迹"和"智慧北回归线"［C］// 中国国家地理杂志社，广东省旅游协会，广东省生态学会，广州市花都区旅游协会，广东北回归线活动策划有限公司. 2019 北回归线生态旅游带发展大会. 广州：54 - 61.

陈日玲，2019. 经验分享：北回归线上的足迹——中国最美徒步线路［C］//中国国家地理杂志社，广东省旅游协会，广东省生态学会，广州市花都区旅游协会，广东北回归线活动策划有限公司. 2019 北回归线生态旅游带发展大会. 广州：253 - 256.

陈学桦，范燕彬，修武，2019. 农业美学撬动高质量转型［N］. 河南日报，10 - 27.

陈志国，周志方，2018. 农业文化遗产视野下增城古荔枝资源的挖掘与保护利用［C］// 华南农业大学，中国农业历史学会. 农耕文明与乡村振兴学术研讨会论文集. 广州：8 - 14.

邓蓉，2019. 通过挖掘羊文化促进我国乡村振兴发展［C］// 苏州农业职业技术学院．农耕文化遗产与乡村振兴学术论坛论文集．苏州：107-116.

段舜山，蔡单平，2019. 广东省北回归线区域的生态旅游业发展潜力探讨［C］//中国国家地理杂志社，广东省旅游协会，广东省生态学会，广州市花都区旅游协会，广东北回归线活动策划有限公司．2019 北回归线生态旅游带发展大会．广州：62.

广东省农业区划委员会，1988. 广东省农业资源要览［M］．广州：广东人民出版社．

郭广辉，2019. 晚清广东《南海氏族》考述［C］//广东省社会科学界联合会，佛山科学技术学院．2019 广东社会科学学术年会粤港澳大湾区特色文化资源调查与数字化保护论文集．佛山：633-639.

国家农业综合开发办公室，2003. 中国农业综合开发［M］．北京：中国财政经济出版社．

贺献林，2018. 关于旱作梯田系统"毛驴何去何从"的思考［C］// 华南农业大学，中国农业历史学会．农耕文明与乡村振兴学术研讨会论文集．广州：518-525.

胡以涛，惠富平，2019. 全球重要农业文化遗产稻作梯田项目比较研究［C］//苏州农业职业技术学院．农耕文化遗产与乡村振兴学术论坛论文集．苏州：18-25.

黄东光，1997. 荔枝丰产栽培技术［M］．广州：广东高等教育出版社．

蒋高中，陈红磊，2018. 世界文化遗产的可持续保护与乡村振兴战略有机结合的成功实践：以中国云南红河哈尼梯田"渔稻共作"综合种养模式为例［C］//华南农业大学，中国农业历史学会．农耕文明与乡村振兴学术研讨会论文集．广州：1-7.

康惠琪，向安强，2019. 乡村振兴战略背景下的乡村农庄持续发展研究：以广东省佛山市高明区明城镇为中心［C］//中国国家地理杂志社，广东省旅游协会，广东省生态学会，广州市花都区旅游协会，广东北回归线活动策划有限公司．2019 北回归线生态旅游带发展大会．广州：90-100.

邝荣标，2019. 略谈大江埔古村北回归线旅游文创资源利用［C］//中国国家地理杂志社，广东省旅游协会，广东省生态学会，广州市花都区旅游协会，广东北回归线活动策划有限公司.2019北回归线生态旅游带发展大会.广州：182-184.

李建基，2019.北回归线穿起全球23个国家和地区［C］//中国国家地理杂志社，广东省旅游协会，广东省生态学会，广州市花都区旅游协会，广东北回归线活动策划有限公司.2019北回归线生态旅游带发展大会.广州：185-191.

李时珍，2012.本草纲目［M］.武汉：湖北辞书出版社.

梁达平，2019.中国北回归线标志及生态旅游探讨［C］//中国国家地理杂志社，广东省旅游协会，广东省生态学会，广州市花都区旅游协会，广东北回归线活动策划有限公司.2019北回归线生态旅游带发展大会.广州：121-137.

梁少棉，2019.北回归线与科普文艺创作［C］//中国国家地理杂志社，广东省旅游协会，广东省生态学会，广州市花都区旅游协会，广东北回归线活动策划有限公司.2019北回归线生态旅游带发展大会.广州：153-155.

廖冠薇，2019.肇庆农耕文明在星湖［C］//中国国家地理杂志社，广东省旅游协会，广东省生态学会，广州市花都区旅游协会，广东北回归线活动策划有限公司.2019北回归线生态旅游带发展大会.广州：166-168.

林思纯，向安强，2019.乡村振兴战略背景下村镇产业与生态融合发展研究：以广州历史文化古村大岭村为例［C］//中国国家地理杂志社，广东省旅游协会，广东省生态学会，广州市花都区旅游协会，广东北回归线活动策划有限公司.2019北回归线生态旅游带发展大会.广州：137.

刘杏愉，2019.建设特色生态旅游小镇 推进乡村振兴战略实施：以北回归线上的莲麻小镇为例［C］//中国国家地理杂志社，广东省旅游协会，广东省生态学会，广州市花都区旅游协会，广东北回归线活动策划有限公司.2019北回归线生态旅游带发展大会.广州：156-160.

刘亚菲，秦莹，2019.中国11个北回归线标志旅游形象打造之比较［C］//中国国家地理杂志社，广东省旅游协会，广东省生态学会，广州市花都区旅游协会，广东北回归线活动策划有限公司.2019北回归线生态旅游带发展大会.广州：146-152.

陆玲，2018.发掘弘扬中国北回归线农耕生态文化，大力促进北回归线生态文化交流与共享［C］//华南农业大学，中国农业历史学会．农耕文明与乡村文化振兴学术研讨会论文集．广州：247-255．

陆玲，2019．中国北回归线地区农耕生态文明探源［C］//中国国家地理杂志社，广东省旅游协会，广东省生态学会，广州市花都区旅游协会，广东北回归线活动策划有限公司．2019北回归线生态旅游带发展大会．广州：74-83．

陆玲，何颜，2019．加强北回归线生态旅游景点的科学和教育意义的挖掘［C］//中国国家地理杂志社，广东省旅游协会，广东省生态学会，广州市花都区旅游协会，广东北回归线活动策划有限公司．2019北回归线生态旅游带发展大会．广州：234．

罗凯，1995．雷州半岛解决干旱问题的途径［J］．农业信息探索（4）：31-33．

罗凯，2001．甘蔗糖业管理学［M］．海口：南海出版公司．

罗凯，2007．农业美学初探［M］．北京：中国轻工业出版社．

罗凯，2009．徐闻农业60年的历史回顾与展望［J］．海南农垦科技（4）：9，11-13．

罗凯，2010．关于构建农业美学学科体系的思考［C］//2010年两岸休闲农业（海南）论坛论文选．北京：台海出版社：143-146．

罗凯，2011．农业文化的基本问题的思考［J］．改革与开放（11）：43-44．

罗凯，2012．愚公楼菠萝品牌建设的启示［J］．广东园艺（3）：47-48．

罗凯，2013．徐闻良姜产业调查［J］．海南农垦科技（3）：24-27．

罗凯，2015．农业新论［M］．杨凌：西北农林科技大学出版社．

罗凯，2017．美丽乡村之农业旅游［M］．北京：中国农业出版社．

罗凯，2018．关于发展菠萝文化旅游产业的思考［J］．广东农业（1）：41-43．

罗凯，2018．农业综合开发的成功与缺憾［J］．海南农垦科技（6）：32-35．

罗凯，2018．文化的基本特征［C］//广东中华民族凝聚力研究会，广东省社会主义学院．"改革开放与中华民族凝聚力"论文汇编．广州：178-181．

罗凯，2019．农业文化的历程［C］//苏州农业职业技术学院．农耕文化遗产与乡村振兴学术论坛论文集．苏州：135-146．

罗凯，2023．农业歌词的本质与农业文化的贡献［C］//广东省社会科学界联合会，广东财经大学大湾区网络传播与治理研究中心，广东财经大学科研处，广东财经大学人文与传播学院，网络传播学院（合署）.2023 年广东社会科学学术年会分会"增强中国式现代化的传播力影响力"论文集.广州：1-11.

马桂铭，2019.抓紧粤港澳大湾区发展机遇　重塑北回归线生态环境［C］//中国国家地理杂志社，广东省旅游协会，广东省生态学会，广州市花都区旅游协会，广东北回归线活动策划有限公司.2019 北回归线生态旅游带发展大会.广州：141-145.

彭莹，2019.城市文化遗产的变迁、保护及伦理反思：基于顺德西山庙的田野考察［C］//广东省社会科学界联合会，佛山科学技术学院.2019 广东社会科学学术年会粤港澳大湾区特色文化资源调查与数字化保护论文集.佛山：58-73.

邱国庆，2019.北回归线上之"星"：星湖［C］//中国国家地理杂志社，广东省旅游协会，广东省生态学会，广州市花都区旅游协会，广东北回归线活动策划有限公司.2019 北回归线生态旅游带发展大会.广州：138-140.

任燕青，2018.古代乡村社树文化及其生态意蕴［C］//华南农业大学，中国农业历史学会.农耕文明与乡村振兴学术研讨会论文集.广州：228-231.

束剑华，2019."御驾亲耕"的文化内涵及其对办好新时代农村职业教育和培训的启示［C］//苏州农业职业技术学院.农耕文化遗产与乡村振兴学术论坛论文集.苏州：170-177.

束维维，2019.石湾刘胜记家族陶塑风格演变与传承研究［C］//广东省社会科学界联合会，佛山科学技术学院.2019 广东社会科学学术年会粤港澳大湾区特色文化资源调查与数字化保护论文集.佛山：122-130.

宋树森，1987.土地工作手册［M］.北京：农村读物出版社.

宋音希，2018.中华传统文化在当代文化自信中的精神特质与价值意义［C］//广东中华民族凝聚力研究会，广东省社会主义学院."改革开放与中华民族凝聚力"论文汇编.广州：149-153.

宋原放，1982.简明社会科学词典［M］.上海：上海辞书出版社.

汪庆华，郝二旭，胡建锋，2019.关于优秀农耕文化遗产保护、研究和利用的思考［C］//苏州农业职业技术学院.农耕文化遗产与乡村振兴学术论坛论文集．苏州：11-17.

王利华，1989．农业文化：农史研究的新视野［J］．中国农史（1）：31-37.

王庆海，2019．广东连南瑶绣在现代家纺产品设计中的有效应用［C］//广东
省社会科学界联合会，佛山科学技术学院．2019广东社会科学学术年会粤
港澳大湾区特色文化资源调查与数字化保护论文集．佛山：47-51.

西南农学院，1980．土壤学（南方本）［M］．北京：农业出版社．

向文倩．王文娟，任明迅，2023．木棉文化的生物多样性传统知识及其传承与
利用［J］．生物多样性，31（3）：190-201.

肖远，潘超，2019．传统农业景观的图像化再现：以《农器图谱》与《耕织
图》为依据［C］//苏州农业职业技术学院．农耕文化遗产与乡村振兴学术
论坛论文集．苏州：26-41.

徐峰，张恒儒，索良喜，等，2019．浅谈敖汉旱作农业系统保护与利用
［C］//苏州农业职业技术学院．农耕文化遗产与乡村振兴学术论坛论文集.
苏州：125-134.

杨青，2016．巨幅稻田画亮相沈阳［Z］．光明日报，06-29.

杨仕智，2019．美学农业的标杆，美丽经济的典范！修武，用美学理念引领农
业高质量发展［N］．焦作日报，09-11.

殷志华，2019．基于遗产旅游视角的农业文化遗产保护与适度利用研究
［C］//苏州农业职业技术学院．农耕文化遗产与乡村振兴学术论坛论文集.
苏州：76-88.

张婷，秦莹，2018．甘肃西和县以"乞巧节"为原型创办"中国农民丰收节"
探析［C］//华南农业大学，中国农业历史学会．农耕文明与乡村文化振兴
学术研讨会论文集．广州：91-98.

曾惟靖，2019．东方小镇乡村振兴的整体解决方案［C］//《中国国家地理》
杂志社，广东省旅游协会，广东省生态学会，广州市花都区旅游协会，广
东北回归线活动策划有限公司．2019北回归线生态旅游带发展大会．广州：
237-238.

中国社会科学院语言研究所词典编辑室，2004．现代汉语词典（2002年增补
本）［M］．北京：商务印书馆．

邹德秀，1992．中国农业文化［M］．西安：陕西人民教育出版社．